我的宠物书

宠物行为咨询师解决养狗难题大全

佐藤惠里奈　著
周锦君　译

中国农业出版社
CHINA AGRICULTURE PRESS
北　京

图书在版编目（CIP）数据

宠物行为咨询师解决养狗难题大全 / （日）佐藤惠里奈著；周锦君译．--北京 ：中国农业出版社，2023.10

（我的宠物书）

ISBN 978-7-109-27294-1

Ⅰ．①宠… Ⅱ．①佐… ②周… Ⅲ．①犬－驯养 Ⅳ．①S829.2

中国版本图书馆CIP数据核字（2020）第171919号

北京市版权局著作权合同登记号：图字 01-2019-5732 号

宠物行为咨询师解决养狗难题大全
CHONGWU XINGWEI ZIXUNSHI JIEJUE YANGGOU NANTI DAQUAN

中国农业出版社出版
地址：北京市朝阳区麦子店街18号楼
邮编：100125
责任编辑：王庆宁　刘昊阳
责任校对：吴丽婷
印刷：北京缤索印刷有限公司
版次：2023年10月第1版
印次：2023年10月第1次印刷
发行：新华书店北京发行所发行
开本：710mm×1000mm　1/16
印张：15.75
字数：200千字
定价：68.00元

序　言

我是偶然从图书馆的一本书中了解到社会上还有解决狗狗行为问题的专业人士，他们被称为“宠物行为咨询师”。那本书的作者是行为咨询的先驱者——彼得·内维尔博士，书中描述了狗狗各种各样的行为问题和解决方法。

当时，我还是个初中生，但我一口气把那本厚厚的书读完了，并立志“将来也要从事这样的工作”。怀着这份热情，我来到了美国，开始学习动物行为学。关于猫狗这些伴生动物的理论知识在当时的美国已经很丰富了，但每当我说起“自己是为了成为狗狗的心理医生（内维尔博士在其书中便是如此自称的）而特意从日本跑来学习”时，依然经常会被大家取笑。

时光如梭，一转眼十多年过去了，如今我们生活的环境早已发生了巨大的变化，**而狗狗的生活环境也随之有了很大改变**。狗狗对我们人类来说，已不再是普通的宠物，它是能够治愈心灵的伙伴，甚至会被当成自己的孩子一样对待。

与此同时，狗狗的行为问题也逐渐显露出来。为了解决这些行为问题，狗狗的心理医生、行为咨询师等在十多年前偏冷门的职业也逐渐得到重视。

那么，该如何解决狗狗的行为问题呢？在回答这个问题之前，我们有必要先好好思考一下什么是狗狗的行为问题。很多所谓的行为问题，在主人眼里是个问题，但对于狗狗来说却是完全正常的行为。为了搞清楚这种差异，我们需要了解狗狗的生活习性以及行为学的相关知识。同时，最重要的一点是，狗狗和人类一样有感情和情绪。可能有很多人会说“这我也知道啊”，但那些大多数因狗狗的行为问题而烦恼的主人，在阅读了管教和行为学方面的书籍之后才想起原来自己把这事儿给忘了，于是就病急乱投医，一边按照书里介绍的方法，一边开始尝试换位思考，如果自己是狗狗，“不再狂叫的话应该这样”“不再咬的话应该那样”，但书里“这也不行那也不行”的条条框框常常会让人陷入无比沮丧、苦不堪言的状态，不知该怎么办才好了。

请不要忘记，狗狗并不是机器人。当狗狗出现了行为问题时，**也请考虑一下它们的心情。**

但我们绝不可对这种偏差放任不管，否则情况会变得越来越严重。有的时候只需稍微调整一下状态，或者必要时多付出一点努力，我们就能重新和狗狗构建良好的关系。在专业行为咨询师的帮助下，主人需要考虑的是“狗狗为什么会出现这种行为问题”，并且**正确理解狗狗的情绪以及想方设法解决这个问题**。当然，如果能够正确理解狗狗的情绪，那么我们和狗狗的生活应该会过得比以前更快乐吧！

在“希望能帮助主人和狗狗建立幸福关系”的心态下，我编写了这本书。如果能为那些正因狗狗行为问题而苦恼，或正在考虑是否要养狗的人群提供些许帮助，便是我的荣幸。当看到主人凝重的表情和爱犬惊恐的表情渐渐缓和，双方关系开始变得轻松愉悦时，我想我会为自己选择这份职业而感到自豪，会觉得一直以来怀着这样的梦想并坚持从事着宠物行为咨询师的工作真的是太棒了！

最后，由衷地感谢为本书出版做出巨大贡献的科学书籍编辑部的石井显一老师，还有为本书提供了可爱插图的插画师伊藤和人老师，以及一直在背后默默支持我梦想的家人们。此外，特别感谢彼得·内维尔博士激发了我对宠物行为的兴趣。

佐藤惠里奈

作者简介

佐藤惠里奈（Sato Erina）

出生于日本京都市，毕业于美国明尼苏达大学生物科学系行为生态学专业。在学习了生物学、动物生态与行为学之后，师从英国的彼得·内维尔博士，获得宠物行为应用中心COAPE（Centre of Applied Pet Ethology）文凭。目前，在京都地区从事宠物行为心理咨询的工作，同时担任由日本大学发起的创业公司“SNOW DREAM股份有限公司”咨询顾问一职。此外，还经常举办面向宠物主人、兽医等人群的研讨会。

宠物行为咨询师解决养狗难题大全

没有小零食吃就会不听话吗？ 咬主人是在小瞧主人吗？

目录 CONTENTS

CONTENTS

第 1 章

什么是狗狗的行为问题

1-1 尝试体会狗狗的情绪

在我们的印象中，身边狗狗的“行为问题”大多数是指“咬”这类攻击性的问题。

以前主人对自家狗狗从小就爱咬人的行为不以为然，总是笑着说“我家狗狗品种就是这样”“狗狗就是被我惯坏了”。而如今，主人开始意识到事态的严重性了，特别是听到“狗狗咬伤了邻居”，或者“邻居被咬得去医院缝了十来针”等事时。

大部分主人起初并不会非常在意，直到事态严重到自己无法解决的地步，才会意识到这真的是个问题了。可以说，这往往并不是“狗狗的行为问题”，而是“人类的行为问题”。为什么这么说呢？因为在狗狗看来，其成长环境以及主人对它做的一系列行为都是“理所当然的”。所以归根结底，大部分狗狗出现行为问题都要归咎于主人。

切记，行为问题并非“放任不管就可以自行消失的”。如果以“现在还小呢”“长大了就会冷静下来的”等理由对狗狗的行为问题置之不理，它们的行为问题不但不会消失，反而会更加恶化。狗狗在人类社会中生存，最重要的一点便是不给他人惹麻烦，而让狗狗学会这些是主人的责任。

产生行为问题的原因不止一个

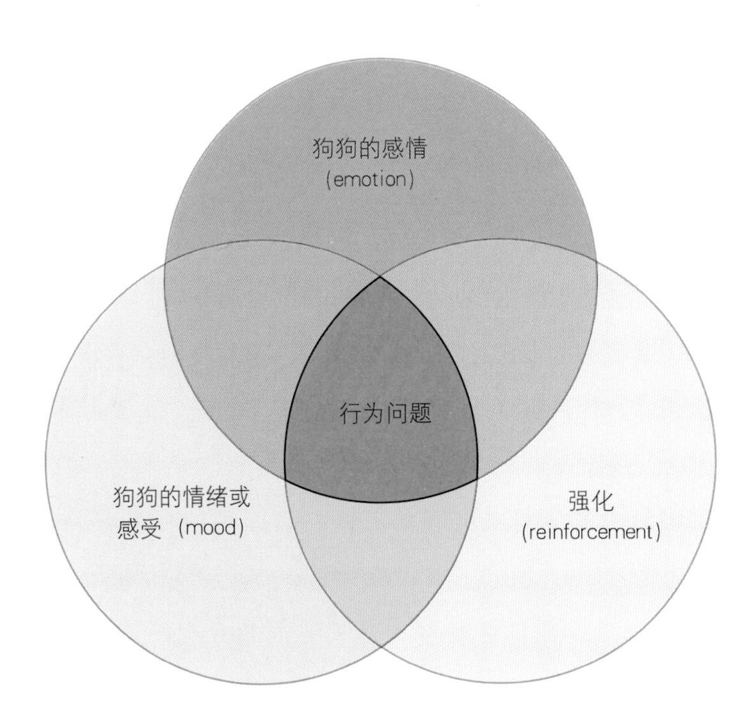

各种各样的原因掺杂在一起导致狗狗出现了行为问题

●换位思考一下

通常，我们认为“是个问题”的行为问题对狗狗而言是理所当然的。如果狗狗感到恐惧，为了保护自己，它就会开咬；如果狂叫对自己有利，那它就会一直叫个不停。因此，不能狗狗一出现行为问题，主人就开始胡乱谩骂，首先要审视的是自己作为主人所做出的一些行为是否得当，然后再换位思考一下狗狗的心情。

狗狗并不会毫无理由地反复出现这样的行为问题，这其中肯定有什么原因，或者狗狗自身在传达一些讯息。想想我们今后几年还要继续跟狗狗相处，如果对这些行为问题置之不理的话，毫无疑问，剩下的日子就会过得比较辛苦。

我们在处理狗狗行为问题的时候，可以采用EMRA（情绪强化与评估，Emotion Mood Reinforcement and Assessment）。关于这个内容，后续会详细解释，这里先简单介绍一下。这是一种判定（assessment）行为问题原因的方法，其中包括狗狗的感情（emotion）、狗狗的情绪或感受（mood），以及反复出现这些行为问题——强化（reinforcement）。

一般情况下，狗狗出现行为问题不是一个原因造成的。进一步阅读这本书，可以帮助我们找出其中的具体原因。

1-2 狗狗也有感情

“我都不怎么考虑我家狗狗的心情，总是一个劲儿地希望它照着我说的做”——这是某个客户对我说的话。请大家不要忘记，狗狗和我们人类一样，也是有心情的，如愤怒、喜悦、恐惧等。

如今，随着科学技术的进步，我们可以通过研究狗狗的大脑来慢慢了解狗狗到底有多少情感。

情绪这种东西，按照以前的说法是由“大脑边缘系统”产生的，而科学研究表明，人类和狗狗的大脑边缘系统几乎没有什么差别。只不过人类大脑中的“大脑新皮质”要比狗狗发达，因此，我们会比狗狗更容易产生罪恶感、羞耻心，会在乎周围人的情绪。美国神经科学家Jaak Panksepp阐述了在动物大脑边缘系统中可以产生的7种情绪：

❶探索 ❷紧张 ❸愤怒
❹恐惧 ❺愉快 ❻玩耍 ❼关爱

你是否有过这样的经历：家里来了客人，你呵斥并强制要求狗狗“坐！快坐下”，可是，狗狗非但没有坐下来，反而跑到客人身边转来转去，这个时候，你脑袋中会不会出现“我家狗狗是在小瞧我吗？它认为自己凌驾于我之上吗”，或者是“说了好多遍怎么就是不听话呢”之类的想法？

此时，请试着想想狗狗的心情。或许狗狗的想法是“明明眼前有我喜欢的客人，为什么非要我坐下来不可呢？我想去他那里玩啊”，或者“那边有我最喜欢的猎物！我要奔过去”。狗狗和我们人类一样，也是有心情好坏的，不听你的话也并非是在小瞧你。如果我们能够好好理解狗狗的心情，就能引导它们做出一些我们所希望的行为。

Panksepp的7种情绪

④紧张
嘭！
我走啦！
吓一跳！
喂！
⑤恐惧
⑥玩耍
⑦关爱

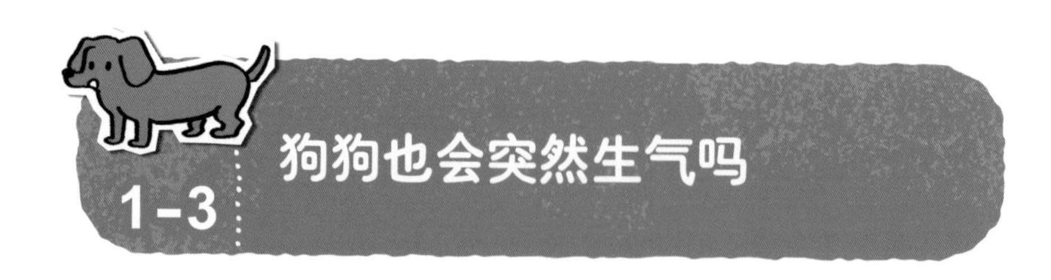

1-3 狗狗也会突然生气吗

听说最近突然生气或者容易生气的“毛孩子”变得越来越多了。那么，它们真的是“突然间”生气的吗？难道不是情绪积累了几个月或者几年之后爆发的结果吗？我们的客户中有些人会这样问：“狗狗为什么会突然咬起来了呢？”“明明只是一件小事却被狠狠咬了一口。”“不知道是什么原因被咬，但就是很突然。”——这些真的是突然的吗？

究其原因，这主要跟狗狗日常的“情绪（感受）”有关，当然有些也跟条件反射相关，关于这个问题我们之后再具体讲解。当狗狗出现行为问题的时候，很多人只会关注“行为问题出现的那一瞬间”，仿佛这个问题会逐渐自行消失。我在做咨询的时候都会问宠物的主人：“你家狗狗现在的情绪是什么状态？”大部分主人会露出不可思议的表情说道：“啊？狗狗还有情绪？”之后便陷入了沉思。所谓情绪，是指较长时间内持续的感情，例如快乐或者忧郁。

假设你有段时间为了赶工作忙得天天加班，即便如此，下班后还是会尽力做好晚饭。如果这个时候丈夫说：“这个菜怎么会这么咸？”明明平常你都是笑着回复：“哪有啊？”但那个时候的你很有可能会直接甩出一句：“那你就别吃！”当压力积累到一定程度，或者感到非常焦虑的时候，我们往往会因为一些小事而做出过激反应。狗狗也是如此。当狗狗出现行为问题的时候，我们不能只考虑当时的状况，还有必要考虑平常的生活状态，比如有没有经常带狗狗出去散散步，或者有没有好好地陪它玩等。

作为能帮助主人解决狗狗行为问题的专业人士，我们会在考虑狗狗的品种、性别、年龄和性格等方面的基础上，再分析具体还缺少些什么。“啊？难道我非得听专家的话不可吗？”当你心里存在这种疑问的时候，希望你先好好想一想自家狗狗最喜欢做什么事情，以及平常你做什么事可以让它变得心情愉悦等，因为你才最了解是自家狗狗的专家。

玩耍和交流不足的时候需要注意

有好多人都说“总是突然被自家狗狗咬”，但事实上，这大都是不满情绪日积月累之后一并爆发出来的结果

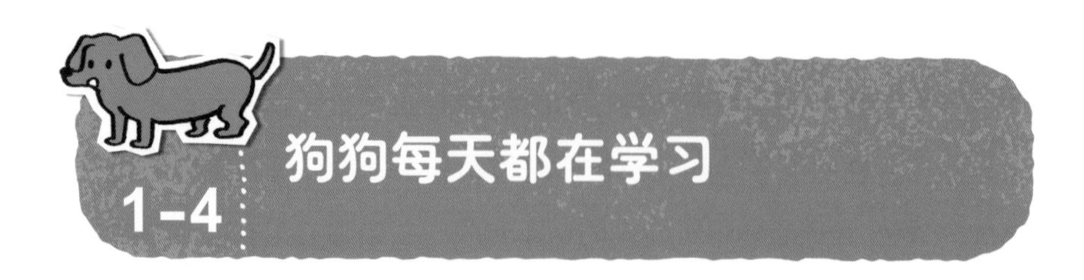

1-4 狗狗每天都在学习

“我家狗狗可聪明了，既会自己坐下来又会主动伸脚爪。”——当然，这些行为都是通过“学习”得来的，是人类教会狗狗做的一些行为。

不过需要留意的是，除了我们主动教、狗狗被动学之外，狗狗还会经常进行主动学习，这对我们来说有好也有坏。

那么狗狗自己是怎么学习的呢？

通常狗狗学习的都是自己身边发生的相关事物，且学习方法主要分为两大类。

1 经典条件反射

有没有听说过“巴甫洛夫的狗”这个实验故事？只要铃声一响，主人就给狗狗食物吃，久而久之，狗狗一听到铃声就开始流口水。起初这个铃声并没有任何意义，但通过学习，狗狗慢慢地学会了做出与食物相关联的反应。

还有很多其他例子：如果主人经常拍打狗狗的话，那么每当主人抬起手，狗狗就会做出防御反应；每当看到主人拿出牵引绳，狗狗就会觉得可以出去散步了，兴奋不已；每当主人拿起钥匙准备上班去，狗狗就会察觉到主人马上就要消失不见了，变得坐立不安等。

这些行为并非我们主动教的，而是狗狗自己在耳濡目染中学习的，并且都是在无意识中学会的。

经典条件反射

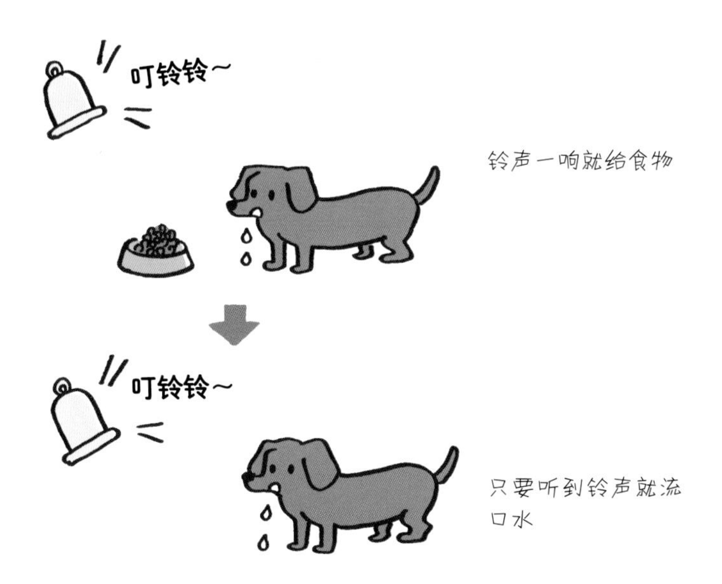

2 操作性条件反射

操作性条件反射又名“工具性条件反射”，这里指的是根据“行为结果引起环境发生变化”这一现象而决定做的某种行为。与经典条件反射不同的是，这并非是狗狗无意识的行为，而是主动做出的行为。

美国一个名叫桑代克的心理学家做了一个非常著名的实验，他将一只猫放在箱子里，箱子里吊了一根绳子，小猫偶然抓了一下绳子，箱子的门就打开了，于是小猫就从箱子里逃了出来，还因此获得了食物。于是下一次，只要把小猫抓进箱子，它就会立刻抓绳子，打开箱门，逃到外面。这就是通过学习得到的结果。

操作性条件反射

偶然抓了一下绳子

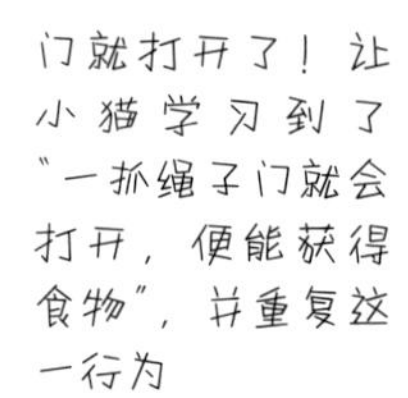

读到这里，可能有些人就会说“我不养猫，又不可能把狗狗放进箱子里，这压根就没什么关系吧”。但是，请想一想，当狗狗坐在饭桌边“汪汪”地叫着想要吃饭的时候，有些主人会不会一边说着“好好好，知道啦”一边就给它食物吃？当家里来客人时，狗狗不停地吼叫，有些主人会不会也一边说着“好啦，知道了，安静一点啦”一边抱起它？这个时候，狗狗就学习到了只要狂叫就能获得食物，只要狂叫就能获得拥抱。

而这些并非主人特意想教会它的。

关键是，狗狗的行为会随着主人行为的改变而发生变化。当狗狗坐到饭桌边嚷嚷着“我要吃饭”的时候，如果主人立刻给它食物，它就学会了“想吃饭→就狂叫→就能获得食物”这个逻辑，那么下一次只要想吃饭，它就会做出狂叫这一行为。如果狂叫之后并没有得到食物的话，它就学到“想吃饭→就狂叫→什么都没有得到”，所以，绝不可以让狗狗遗忘平常已经学到的东西。

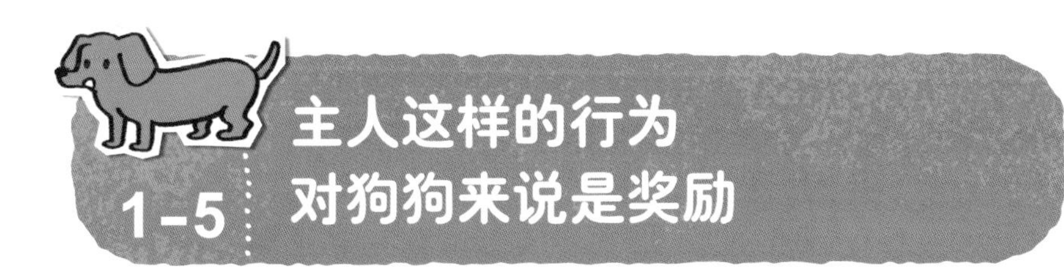

1-5 主人这样的行为对狗狗来说是奖励

你能想象对狗狗来说的“奖励”是什么吗？是狗狗最喜欢吃的食物或是小零食？是受到表扬或者被抚摸？有没有想过还有其他什么奖励呢？其实，如果一味地做这些行为，有时候奖励也会变得不再是奖励了。

什么是奖励？

主人意料之外的一些行为对狗狗来说也有可能是奖励

让我来解释一下这到底是什么意思吧！什么是奖励？这个问题的答案其实是“任何行为都可以成为奖励”。这里的奖励是指“狗狗所希望的东西，或者希望你为它做的事情”，不只局限于零食或者被表扬。例如当狗狗想到外面去的时候，你把门打开，“让它出去”便是奖励。

当狗狗为了引起你的注意而“汪汪”叫的时候，你说的“安静一点”这句话让它认为自己引起了你的注意，那么这个也是奖励，因为它会觉得“只要我一叫喊，主人就会到我这边来，太好了”。你有没有遇到过这样的情况：当狗狗叼着拖鞋跑来跑去的时候，你边追边喊“赶紧给我放下”，那个时候，被你追赶的这个行为对狗狗来说也成了一种奖励。

很多主人不经意的关注行为却在狗狗眼里成了奖励，有时候我们还在不知不觉间对狗狗的不当行为给予了奖励。

请尝试着想想日常生活中什么样的行为可能成为狗狗的奖励，你一定会惊讶地发现，有时当狗狗做了一些不当行为，自己还在无意中给了它奖励。

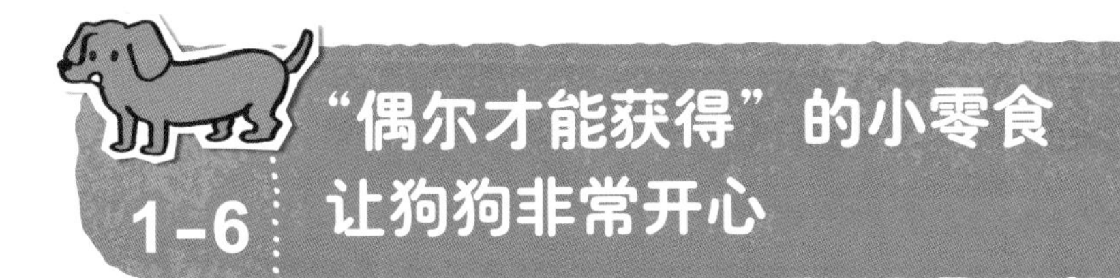

1-6 “偶尔才能获得”的小零食让狗狗非常开心

在1-4中已经对狗狗的操作性条件反射这一学习方法做了解释说明，即根据“行为结果引起环境发生变化”这个现象而决定做的某种行为，也就是学习“刺激→反应→结果”这三个步骤（三项相倚理论）。另外，也可以解释为“契机→狗狗会做出什么样的行为→会引起什么结果”。只要让狗狗反复练习对其有利的行为，狗狗就会渐渐习惯。

这种现象称为行为被“强化”。

不仅是狗狗，其他哺乳类动物，甚至是我们人类也会在不知不觉中出现这种强化现象。狗狗激烈地狂叫也好，小孩想要自己喜欢的东西而向大人撒娇也好，这些都是不当行为被强化的结果。

那么，接下来让我们聊一聊“正强化”和“负强化”吧。可以说，两者指的都是行为频率的增加，当出现令狗狗开心的东西或事物（正强化因素）时就会引发正强化；相反，当狗狗讨厌的东西或事物（负强化因素）渐渐消失时就会引发负强化。也就是说，正强化因素是狗狗的“奖励”，而负强化因素是狗狗“想逃避的缘由”。

●见到其他狗狗就狂叫的原因不止一个

比如在散步的时候，有些狗狗看到其他狗狗就会“汪汪”地狂叫，而出现这种情况的原因有以下两点：

第一种是正强化的学习案例：狗狗非常喜欢其他狗狗，想和它一起玩耍，那么，就会出现“看到其他狗狗→狂叫着拉扯→和狗狗一起

正强化和负强化

即便狗狗对其他狗狗发出同样的狂叫声，原因也可能截然不同

玩”的情况。这个时候，主人会拉着自家狗狗走向其他狗狗。

第二种是负强化的学习案例：狗狗不喜欢那些狗狗，心想“不要到我这里来”，那么，就会出现“看到其他狗狗→狂叫着拉扯→狗狗消失不见”的情况。因为狗狗的狂叫经常会引起对方主人的不安，对方主人心想“我可受不了它跳来跳去”，于是就带着自家狗狗远离现场。

两者都是对“狂叫着拉扯”这个行为的强化，但当时狗狗的心情却是截然相反的，一个是喜悦的心情，而另一个是厌恶的心情，并且强化的性质也有所不同。所以，对于狗狗的行为问题，最重要的是我们首先要考虑狗狗的心情，接着再搞清楚是什么原因强化了这个行为。

●给小零食的正确方法

有些训练师或主人不太喜欢用小零食来管教狗狗，会说“不喜欢用小零食来引诱狗狗”“不想用小零食来欺骗狗狗”。但是小零食并不是引起狗狗注意或者用来欺骗狗狗的东西，它只不过是强化行为的工具罢了。

尽管同样执行了“刺激→反应→结果”这三步骤的学习方法，但你是不是把“让狗狗看到小零食”当成了“刺激”？正因为将“小零食”本身当作了“刺激”，也就是“契机”，所以，如果没有小零食，狗狗自然就不会听话了。这是因为行为并没有被强化。

那么接下来，让我来解释正确使用小零食的方法。首先，不要把小零食当成一个契机，要在狗狗没有看到小零食之前就跟它说“坐下”“过来”，将这些话作为“刺激”，最好是当狗狗做完了这些动作之后立刻给它小零食吃，也就是整个流程是这样的：“刺激”（让狗狗坐下）→反应（狗狗坐下来）→结果（得到了食物，发生了好事情）。这样一来，狗狗会对预料之外的喜悦结果而感到惊讶，并且非常乐意坐下来。

同时，在行为强化的过程中，掌握给予强化因子（奖励）的频率、程度（零食的好吃等级）以及时机（做完这个动作之后的几秒之内）尤为重要。

当然也并不是说“学会了坐下来等行为之后就不再使用小零食进行奖励了”，最有效的是采用“偶尔才能获得”这种随机性的“抽奖方式”来保持被强化的行为。

若能正确使用小零食的话，狗狗的积极性也会随之提高，会意识到“只要做了这个动作就会有好事情发生”，这对于强化狗狗的良好行为有很大帮助。

人类亦是如此。丈夫一向沉默地吃着妻子做的食物，但偶尔说一些“好好吃呀”或者“太谢谢老婆啦”之类的话，那么妻子下次做饭的时候就会干劲十足，其中，“好吃”“谢谢”这些话就是奖励。所以，人类也好，狗狗也好，偶尔都需要奖励。

人类也有正强化和负强化

正强化的例子

负强化的例子

其实人类也一样

1-7 成为狗狗的领导之后，狗狗就不会产生行为问题了吗

我的大部分客户会异口同声地说“我家狗狗认为自己最厉害”“我家狗狗居然小瞧我”之类的话。“主人如果不成为狗狗的领导就会遭到藐视，狗狗也不会再听从你的话了”这种说法**毫无科学依据**。

狗狗的祖先——狼会组建一个名叫“**Pack**”的群体并过着群居生活，群体中最强的狼被称为“阿尔法”，是整个族群的领袖，其他的狼在它的领导之下形成了一个阶级社会。因此，曾经有研究人员将狼群规则套用到生活在人类社会的狗狗身上，认为狗狗也需要这样的社会环境。

但是，这只是研究人员为了做实验创造出来的一个“圈养环境”。在日常生活中，自然界的狼群主要是由父亲、母亲还有孩子们组成，与其说是“受领导支配的某种阶级社会群体”，还不如说是在严峻的自然环境下繁衍子孙的“**合作性群体**”。

为争夺领袖之位而打架会大大降低群体的生存率，但争夺到领袖之位后就能获得“**繁衍后代的机会**”，因为只有成了领袖的公狼才可以与母狼交配并繁衍后代。但是，这种争夺对于和人类一起生活的狗狗来说毫无意义。

防止狗狗出现行为问题并不是要求主人成为它的领导，关键是需要对狗狗的行为问题加以区分。如果狗狗行为得当，就毫无顾虑地给予表扬；如果狗狗做出不当行为，那就必须好好管教。也就是说，主人不可以成为狗狗的“奶奶”。通常我们认为奶奶和孙子的关系是这样

野生狼群不是阶级社会

我们脑海中经常会出现野生狼群激烈争夺领袖地位的画面

实际上，野生狼群是合作性的群体。我们经常能看到有血缘关系的大狼照顾小狼崽，把食物让给自己的孩子

的：由于平常都见不到面，奶奶对孙子总是宠爱有加，会给他买喜欢的玩具，就算他做了不当行为也不舍得呵斥，因为觉得孩子实在太可爱了。而在孙子眼里，奶奶便是“不管我做什么都不会生气，都会给我好东西”这样一个形象。当然话又说回来，孙子也不会认为“自己的地位凌驾于奶奶之上”。

所以，主人不能成为“什么事情都可以原谅的奶奶”或者“只会一个劲唠叨的母亲”，而是要努力成为“对好行为给予表扬，对坏行为也要训斥的妈妈”。

1-8 让狗狗在“社会期”尝试各种各样的体验

有些狗狗无法与其他狗狗和睦相处，并且周围稍微有一点声响就害怕得不得了。存在这样的问题可能是因为狗狗在幼崽时期或者特定时期没有获得足够的社会化经验。狗狗的性格不仅受遗传影响，还跟社会化时期的体验紧密相关。

狗狗的社会期又称关键时期，是指出生以后第3～12周，大概3个月的时间，这个时期会给狗狗今后的生活带来很大的影响。可以说，在这期间经历过的事情决定了狗狗今后的性格。在这期间，如果狗狗没有与其他狗狗或者人类很好地相处，没有接触过各种各样的生活环境，即便是长大了，其学习能力也相对比较弱，会在与其他狗狗或者陌生人接触时过分胆怯，并且更容易情绪化；对于没有经历过的事物以及没有看到过的东西怀有消极情绪，甚至是过分恐惧。

在社会期，小狗崽通过母亲的照顾以及与兄弟姐妹们玩耍慢慢学会了控制咬的力度和沟通的方法。特别是第6～8周，是培养狗狗社会性的最佳时期，所以，在这期间，最好让自家狗狗尝试各种各样的社会体验。需要特别注意的是，第8～10周又称为“恐惧印记”时期，狗狗在这期间所经历的恐惧会成为它的心理创伤。比如在这个时期主人带狗狗坐车去医院打疫苗，那么之后它会觉得坐车是一种心理创伤，再也不想坐车了。

平均在狗狗出生之后的49天内，我们要避免让狗狗感受危险的事物。在这期间，与其让它看一些令其感到恐惧的事物，还不如让它怀着好奇心去学习感兴趣的事物。不过有意思的是，不同品种的狗狗认知危险的时期也有所不同。

作为大型犬的德国牧羊犬认知危险的时期是出生后的第35天，而同样是大型犬的拉布拉多寻回犬则是在出生后的第72天。也就是说，出生40天的德国牧羊犬已经能够认知到危险，而对于出生40天的拉布拉多寻回犬来说，仍然无法感知危险。

即使狗狗已出生超过12周，迈入青年时期，它的心理和身体都还在成长之中，稚气未脱。从小狗崽过渡到青年犬，每一天都需要学习，所以请主人们多让自家狗狗尝试各种各样的社会体验吧。

认知危险的时期

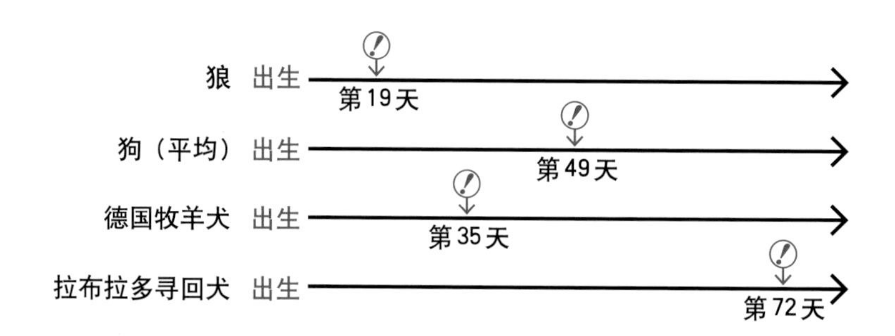

当看到没有见过的东西时，出生40天的德国牧羊犬已有了警惕心，而出生40天的拉布拉多寻回犬仍然没有丝毫警觉

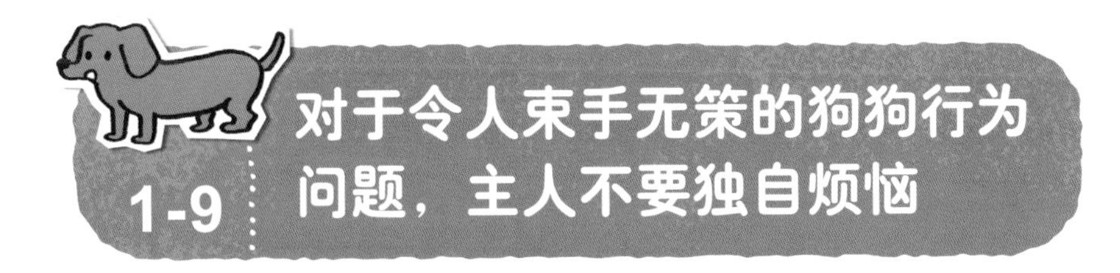

1-9 对于令人束手无策的狗狗行为问题，主人不要独自烦恼

狗狗一旦出现了行为问题，主人该怎么办才好呢？来我们这里咨询的主人几乎试遍了所有办法，但情况依然恶化，已经处在“走投无路”的境地。我们经常能看到这样的案例，最初可能只是很小的事情，根本称不上行为问题，但由于主人病急乱投医，导致事态越来越严重。

当然，我们也不能对狗狗的行为问题放任不管，否则情况只会越来越糟。当你感觉狗狗出现了行为问题的时候，请绝对不要轻言放弃。可能有人会认为“这是狗狗本身的性格问题，我也没有办法”，甚至还有人会认为“我怎么养了这么一只狗啊”“没有这只狗狗的话，我的生活会轻松好多啊”等。但是，请不要忘了，狗狗刚来到家里的时候，在没有出现行为问题之前，也是给家里带来了很多快乐的。

接下来，你还会与这只狗狗一起生活5年，或者10年，既然决定养狗，那就请你好好照顾它，直至老去。

其实，在专业人士的指导下，狗狗的行为问题能够立刻得到改善。再说了，行为问题不是病，而是由某些原因引起的一系列反应，胡乱狂叫、咬，甚至是“不会上厕所”等行为都不会毫无缘由地出现。

如果我们尝试着换位思考，体会一下狗狗的心情，很可能就会发现其实有些事情是被主人“误解”了。所以说，这不是狗狗的行为问题，而是主人的行为问题。请不要独自去解决这些问题，最好向狗狗的行为治疗专家寻求帮助。

不要独自烦恼

当你感到困惑的时候，可以去求助专业人士。这个时候最关键的就是选择能解决行为问题的专业兽医或者行为咨询师、训练师等

首先尝试进行1对1的谈话

1-10 什么是行为疗法

名　字 ● **沙伊（♀）**

狗品种 ● **蝴蝶犬**

年　龄 ● **1岁**

蝴蝶犬沙伊的主人对它爱到处咬的坏习惯感到非常苦恼，于是在网络上查到了一种称为“行为疗法”的治疗方法。

行为疗法是从行为学视角来寻找行为问题的原因，通过在前面的章节中解释的经典条件反射和操控性反射这一理论来改变狗狗的行为。那么，管教和行为疗法到底有什么区别呢？

所谓管教，就是教会狗狗在人类社会中生存所必须学会的日常礼仪。如果我们从小就对狗狗进行严格管教的话，狗狗就不会胡乱狂叫，会乖乖坐下来或者趴在地上自己冷静下来。如果主人没有对狗狗进行管教，就会被狗狗的行为问题所困扰。因为没有学习过礼仪的狗狗一旦表现出原本的习性和行为，就很容易造成行为问题。

与管教相比，行为疗法是在行为学的基础上来治疗特定的行为问题。大部分的行为问题都是由于主人和狗狗在交流的时候出现偏差造成的，或者是因不良的条件反射，一步步发展成了严重的行为问题。

从文章开头讲述的沙伊的情况来看，行为疗法比管教更适合它。不过，即便是爱咬这种坏习惯，其原因或者这个习惯被强化的过程也是因狗而异的。对于尚未存在这种坏习惯的狗狗，我们最好在其狗崽时期就进行严格管教。

在欧美，管教狗狗的人被称为训练师，而实施行为疗法的人被称为行为咨询师。

行为疗法的场景

在英国，越来越多的宠物医院增设了行为咨询的场所

专栏 1

什么是行为咨询

在日本，当发现爱犬出现行为问题的时候，大部分人会求助兽医、狗狗训练师，或者与身边养狗的朋友进行交流。在英国，还增加了一个选择，即向狗狗的行为专家——行为咨询师咨询。英国的宠物医院设有内科、皮肤科、心脏外科等各个专业领域，其中最忙的就属“牙科”和“行为科”了。在行为科，治疗狗狗行为问题的不是兽医，而是狗狗的行为专家——行为咨询师。行为咨询师了解狗狗的生态学、行为学和心理学方面的知识，并通过行为疗法来帮助主人解决狗狗的行为问题。

兽医的职责是解决狗狗的身体问题（临床），训练师的职责是训练狗狗做出正确的行为，而行为咨询师则扮演解决狗狗行为和心理问题的重要角色。行为咨询先驱者皮特・内维尔博士曾经说过：“行为咨询师就是狗狗的心理医生。”

有时候，行为咨询师也可以联合兽医或者训练师一起解决狗狗的行为问题。通过行为咨询，再配合训练师的训练，效果会更显著。

很多情况下，狗狗出现行为问题是由于主人和狗狗的交流出现偏差，所以，与其说行为咨询师是“心理医生”，还不如说是“翻译官”。

专业人士擅长的领域不同，他们
希望能更好地发挥各自所长

第2章

解决狗狗的攻击性行为问题

2-1 什么是攻击行为

在来我们这里咨询狗狗行为问题的人当中，问得最多的是狗狗的“攻击行为”。其中，大部分情况是“咬”主人或者其他家庭成员。最初，主人会想尽一切办法试图阻止狗狗咬人，但经常是狗狗非但没有停止这一行为，反而咬得更厉害了。

如此一来，由于“下次还有可能被咬”，主人会越来越害怕与爱犬接触，与爱犬的接触越来越少，信任也遭到破坏，进而导致新问题的出现。经常有客户陷入了这样的恶性循环，对自己的爱犬束手无策。

对于咬的问题，其原因多种多样，比如狗狗感觉到恐惧后的防御咬、被攻击后的主动攻击咬、小狗崽追赶运动着的东西的嬉戏性咬、牙齿发育的磨牙咬等。我们应该针对咬的不同原因采取不同的应对方法。

各种各样的“咬”

虽说都是一口咬下去这个动作，但也分各种各样的情况，让我们在正确掌握各种咬的具体情况之后再来思考相应的处理方法吧

● 满足狗狗的情绪需求

在这里，让我们来一起探讨关于之前提到过的EMRA。

当狗狗因一些非常小的事情而开始做出咬的行为时，主人应尝试换位思考，体会狗狗的情绪或感受。所谓情绪，不只是咬的那一瞬间，而是最近一段时间的情绪。比如最近几周有没有带它去散步，有没有陪它一起玩耍，有没有很好地关心它？

经常会有主人这样说：“我家狗狗每天都和我在一起，所以肯定感到很幸福。”的确，对于最喜欢主人的狗狗来说，和主人在一起自然是最幸福的时光。但狗狗与人类不同，不会看书或者说话。狗狗也是社会性的动物，需要通过玩耍、交流、散步、探寻其他狗狗的气息等刺激来满足情绪需求，这是必不可少的。

各种各样的攻击

针对不同的攻击行为问题，处理方法也各不相同

如果让你在一个既没有电视又没有书且什么事情都做不了的封闭房间里待上一星期，你的情绪也会变得很烦躁。

●考虑狗狗的感情

狗狗的感情虽然没有人类那么复杂，但同样有开心和讨厌等。我们认为自己的某些行为是出于好意，但对于狗狗来说却是麻烦，比如散步回来给它擦脚、吃饭后给它刷牙等。如果主人控制住它的身体强行做这些行为的话，最后狗狗会以咬人来表示反抗。当狗狗咬了人，或者正准备咬人时，最关键的是我们要先从狗狗的视角去思考问题。

你有没有这样的经历？最初只是装出咬人假象的狗狗一旦真正咬了人，就会开始频繁地咬，并且越咬越厉害，甚至还会把人咬出血来。如果主人被狗狗咬了之后开始严厉地呵斥，或者强行让它仰面朝天的话，那么狗狗就会为了保护自己而再次扑向主人，因为它会觉得“咬了之后，居然还那样对我，看来是我咬的不够厉害”。

其实，你越阻止，狗狗越会频繁而激烈地咬人，这是因为你在强化狗狗的咬人行为。那么接下来，让我们一边参考各种各样的事例，一边探讨关于狗狗各种咬的行为以及相应的处理方法吧。

2-2 场景——仿佛认为自己最厉害

名　字 ● 布鲁托（♂）

狗品种 ● 迷你杜宾犬

年　龄 ● 1岁6个月

狗狗认为自己才是最厉害的，为了在人类群体中提升自己的地位，争当领袖才开始咬人——真是这样的吗？

其实不是的，我们首先要搞清楚，自家狗狗平常能不能很好地区分自己所做之事的好坏？如果平常都是任由狗狗的性子乱来的话，一旦你想让它做什么事情，它也不可能乖乖听话。

主人平常就对布鲁托宠爱有加，对它毫无抵抗力。当布鲁托嚷嚷着“肚子饿了”讨要食物时，主人便立刻给它吃的；随便撒个娇就立即抱起它；甚至每当它跳到饭桌上，主人还会问它“小乖乖，是不是肚肚饿了？要不要吃零食”等。在这样一个想要什么就能得到什么的自由环境下长大的布鲁托，稍微遇到一些不如意的事就会“呜呜”地叫。而困惑不已的主人居然相信了某本书上写的“狗狗‘呜呜’地叫是因为认为自己最厉害”这种话，便心想“这可不行，我必须得让它知道谁才是主人，要让它看看我的厉害”。于是，只要布鲁托开始“呜呜”地叫，主人就会把报纸卷起来当成棍棒去敲打它，或者制造出很大的声响去吓唬它。久而久之，面对这样的场景，布鲁托从一开始的

咬，演变成了后来气势凶猛的攻击。

●从布鲁托的角度来看，它完全搞不懂这是什么意思

请不妨试着考虑一下布鲁托的心情，它绝不是因为“我是群体里的领袖，我才是最厉害的，必须要听我的话”才“呜呜”地叫。这是一种抗议的狂叫，明明平常都是任由它做自己想做的事，突然间阻止它爬上桌子，它就开始反抗：“好讨厌，你走开！这明明是我经常来的地方！”

慌乱中的布鲁托突然被报纸打疼，自然会感到害怕，为了保护自己，就开始狂叫，但依然无济于事，便只好开始了攻击行为。这个时候，主人因被狗狗咬了，吓得丢掉了报纸，这样的结果会直接导致布鲁托认为通过咬来进行反抗是很有成效的。

从那以后，主人为了显示自己的地位，2周都没有理布鲁托。有些主人的确会无视狗狗的存在，觉得“为了让它知道谁厉害，不能继续宠溺它了”。但是，无视并不能解决问题，反而会使狗狗出现之前从未出现过的其他行为问题，比如为了引起主人的关注开始“需求性狂叫”，或者因压力的积累而变得易怒。事实上，当时的布鲁托处在一个非常容易兴奋的状态，因自己的情绪需求没法得到满足而拼命地试图引起主人的关注。

从布鲁托的角度来看，它觉得自己平常都是被无限宠爱的，为什么突然间主人就不跟自己玩了，也不抱自己了呢?

●通过建立信任关系来解决问题

首先，我们需要告诉主人的是，这个时候没有必要为了显示谁最厉害而无视布鲁托，而是应该通过告诉它好坏行为的差别来加深对彼此的信任，需要让焦虑不安的布鲁托恢复到平常的情绪状态。

我们可以将“坐下”“趴下”“放开（叼着的东西）”等行为作为交流的手段，再一次好好教育布鲁托，让它以游戏的心态重新融入日常的生活中。通过大概2周的训练，布鲁托就会很清楚地了解与主人的交流方法，也会开始思考并做出正确的行为，狗狗自己的情绪以及与主人的信任关系也会大幅好转。

接下来便是观察日常的生活。主人要让布鲁托学会区分好行为和绝不可以做的不当行为，可能这对主人来说是最难的部分。当布鲁托做了不当行为，比如把手放到了餐桌上时，主人需要告诉它“这样做是不对的”（参照2−8），而不是用报纸去敲打它。当它不再趴桌子，而是安静地坐在椅子上的时候，就需要毫不犹豫地表扬它。这样一来，布鲁托和主人的交流就会越来越顺畅，也不会出现咬、狂叫等行为了。

解决这样的行为问题，关键不在于告诉狗狗谁是最厉害的，而是与狗狗进行良好的沟通，并且告诉它什么是得当行为，什么是不当行为。让狗狗学会清楚区分好坏才是最重要的。

我认为狗狗偶尔“呜呜”地叫是正常现象，因为毕竟狗狗是一种动物，它不可能去做所有主人希望它做的事。和我一起生活的狗狗芙拉菲就是这样，早上它还在睡觉的时候，我偶尔过去说“还不起来吗”，它就会低声“呜呜”地叫。当然这绝不可能是告诉你“我最厉害”，而是“讨厌！人家还想睡嘛”的意思。

2-3 场景——一开始走路，就被狗狗咬脚后跟

名　字 ● 慕可（♀）

狗品种 ● 玩具贵宾犬

年　龄 ● 5个月

有时候，我们在训斥狗狗不可以做某些行为时，狗狗却认为这是在玩耍。比如有些小狗狗会叼着拖鞋在家里转来转去，当你一边追着它一边呵斥道“快，快给我停下来”时，小狗狗还以为这是一种“追赶游戏”。你一走路它就开始咬你脚后跟，可能是因为狗狗觉得它是在玩“脚后跟追赶游戏”。所以很有可能你越逃，它追赶得越厉害。

慕可的主人过的是独居生活，有时候工作忙起来，从早上八点半到晚上七点都留慕可独自在家。所以每当主人早上去换衣服、洗脸或者下班回来做晚饭的时候，慕可都会跟在主人后面咬主人的脚后跟。

如果主人对着它叫喊，呵斥道“给我住口”，或者试图去抓它的话，慕可会越发起劲，摇着尾巴更加开心地追咬主人的脚后跟。

●玩耍的时候需要认真地陪玩

慕可是才出生5个月的小狗崽，再加上玩具贵宾犬这个品种本身就充满好奇心，因此我们有必要每天用相应的“活动”来满足它的情绪需求，主人每天回来带着它散步15分钟是远远不够的。对于一天都

这样的玩耍方式狗狗并不满足

没有什么乐趣的慕可来说，在早上和晚上的时候，和主人玩“脚后跟追赶游戏”是唯一有意思的活动。

所以，首先，我们要让慕可的日常生活变得有趣起来。比如增加散步的次数；留它独自在家的时候，给它装满零食的葫芦漏食球或者牛皮橡胶来激发其玩耍的兴趣等。

此外，还要增加一起玩耍的时间。我们可以看到，狼或者其他动物在幼崽时期的玩耍行为会随着年龄的增长而慢慢减少，但狗狗不同，即便是到了成年，狗狗仍然存在各种玩耍行为，因此，狗狗被称为“幼态延续动物”。对于狗狗而言，在幼崽时期玩耍对其身体的生长、

认真地陪狗狗玩耍

认真陪玩5分钟要胜过随便陪玩15分钟

咬力强度的训练等有着不可或缺的辅助作用；到了成年，一定的玩耍还可以满足狗狗的探索系统（想探索的欲望），促进狗狗与主人形成良好的信任关系，并长久地维持下去。对于狗狗来说，玩耍既可以加深与主人之间的交流，又可以作为一种刺激，缓解自身的压力。

慕可的主人由于白天工作比较忙，到了晚上已经疲惫不堪了，所以不怎么陪慕可玩。即便是主人打算陪它玩，但在慕可看来也并非是真正的玩耍。因为慕可喜欢玩球，所以慕可的主人经常一边看电视一边扔球给它。这样可不行呢，和狗狗玩耍的时候最重要的就是要认真。如果主人不是拿着球开心地对着狗狗叫喊，或者一起跑来跑去的话，狗狗会觉得“什么嘛，真没劲”，立刻心生厌烦。其实，狗狗的观察力比我们想象得还要厉害。

增加狗狗的活动或者主人认真陪玩会使慕可的情绪需求得到满足，差不多2周的时间，它爱咬主人脚后跟的习惯就消失了。

●被咬之后，一动不动并且低声说“好痛”

每当被慕可咬了脚后跟，主人总是会很生气地去抓它。慕可咬得越起劲，主人就越慌乱，一边说着“好痛”，一边拼命追赶。对慕可而言，这时的“追赶游戏”更有意思了，因为主人的这个反应会使慕可更加兴奋，也就相当于狗狗咬脚后跟的这一行为被强化了。

让我们回想一下狗狗生气的时候是什么样子的。那个时候的狗狗会杵在那里一动不动，直勾勾地盯着你，还时不时地对着你“呜呜”地叫。

接下来请再想想狗狗玩玩具时的情形：要么使劲拉扯着玩具，要么一个劲地甩头，还时不时地发出“咕噜噜”的声音，这比生气时候做出的反应更加激烈吧？

当狗狗玩闹着咬主人的时候，主人手忙脚乱，并对着狗狗喊“住手”，这一系列的行为正相当于在陪狗狗玩耍。

所以我建议慕可的主人，当慕可咬其脚后跟的时候，不要惊慌失措地开始追赶，而应立刻停下来，并低声对慕可说道“好疼呀”。通过主人的身体语言把信息传达给慕可，它才会停下来不再继续咬，然后再对它停止咬的这一行为进行表扬，久而久之，慕可就不再去咬脚后跟了。

有好多主人对狗狗爱咬脚后跟的这一行为问题十分苦恼，并想方设法去阻止。这时，请先考虑一下狗狗的心情：对于非常贪玩的小狗崽，你有没有给它提供足够的刺激呢？是不是因为“最近太忙了”而不怎么陪它一起玩呢？

即便是同伴，如果太得意忘形的话，狗狗也会真的生气

2-4 场景——好痛啊！我家狗狗“轻咬”起来好凶①

名　字 ● **马鲁（♂）**

狗品种 ● **马尔济斯犬**

年　龄 ● **6个月**

在进行咨询的时候，有好多人经常会在行为问题一栏里填写“轻咬”，但是几乎所有主人认为的“轻咬”都不是真正的轻咬。轻咬的英文为“gentle mouthing”，而前来咨询“轻咬”问题的主人的手上通常都有无数的牙印和伤痕。这根本不是轻咬，而是的的确确被咬了啊。

狗狗有两次磨牙期，第一次是在乳牙脱落后开始长恒齿的第4～5个月，第二次是恒齿固定在下颌骨的第6～12个月。在这两个时期，小狗崽会因为口腔不舒服而不得不用“咬”来进行缓解。

由于主人没有给它“可以咬的东西”，马鲁把家里的柱子以及家具的边边角角都咬得破烂不堪。每当主人发现马鲁在咬家具的时候就开始发火，但这并没有什么效果。由于小狗崽正处于这种特殊时期，我们有必要在精神及身体上来满足狗狗咬这个行为的需求。首先，我们要做的不是阻止咬这个行为，而应给予狗狗可以咬的东西。那什么东西才是狗狗想咬的呢？好多主人都会说“给它磨牙玩具咯”，但其实有些玩具并不是小狗崽想咬的东西，所以经常会出现玩具要么依然非常

狗狗的磨牙期

崭新，要么只是被咬了一点点的情况。

根据狗狗品种及其性格的差异，它们所喜欢的磨牙玩具也会有所不同。例如相同月龄的吉娃娃和腊肠犬，吉娃娃不怎么喜欢硬木头材质的玩具，而下颚咬力很强的腊肠犬则非常喜欢木质玩具。你可以尝试各种各样的东西，从而确定自己的爱犬到底喜欢什么样的玩具。出生2～3个月的小狗崽一般都不太喜欢过硬的玩具。

● 在这个时期，对小狗崽来说最有魅力的磨牙玩具是什么

1 牛皮咬胶

狗狗经常把咬胶当成“零食”，所以不能选那种立刻就能吃完的类

根据品种的差异，狗狗的喜好也有所不同

一般来说，吉娃娃喜欢柔软的玩具（如布材质等），而腊肠犬喜欢有咬劲的硬材质玩具（如木质玩具等）

型，推荐使用耐咬的咬胶，最好根据狗狗嘴巴的大小选偏大型号的牛皮咬胶。不过为了防止狗狗在咬的时候堵塞喉咙，需要主人在一旁随时留意。

2 能够装零食的橡胶玩具（比如葫芦漏食球）

有一些玩具能把零食放在里面，让狗狗边咬边吃。其中，有蝴蝶犬专用的、中型犬专用的。此外，还有各种各样大小和坚硬程度的玩具，可供主人根据自家狗狗的喜好进行挑选。

牛皮咬胶和橡胶玩具

根据狗狗的喜好、品种、身材大小来搭配使用不同的磨牙玩具

2-5 场景——好痛啊！我家狗狗“轻咬”起来好凶②

名　字 ● **乔可（♀）**

狗品种 ● **玩具贵宾犬**

年　龄 ● **6个月**

好多主人过来咨询时会说“我家狗狗‘轻咬’起来好凶啊”，但他们手上却到处是伤，这早已超出了“轻咬”的范围。一般情况下，狗狗都是在与同伴的玩耍中学会控制咬的力度的，而乔可是在宠物店的笼子里长大的，没有接触过其他狗狗，自然不知道咬力的轻重。

● 被咬之后立刻背过身去，并说“好痛啊”

想让狗狗学会控制咬的力度，需要我们在被咬后，大声喊“好痛啊”，并立刻背过身去。小狗崽玩耍时，如果有一方被咬到，就会“哇呜”地大声狂叫起来，而这个大声叫喊便是“好痛”的意思，狗狗就是在这样的玩耍之中慢慢学会了控制咬的力度。当你大声喊“好痛”的时候，不妨观察一下狗狗的样子，它肯定是一脸惊讶的表情吧。

乔可不知道轻重，在玩耍的时候会咬到主人的手。每当被咬后，主人一边挥手一边喊“好痛，好痛，住手”，在乔可看来，主人这个行为很有趣，因此咬得更起劲了。

主人被乔可咬到的时候最好大声喊“好痛啊”，然后立刻背过身去。这时，你能观察到乔可被主人的反应吓了一跳，并露出惊慌失措的表情。这个时机非常关键。此时正是狗狗在思考“主人为什么不让我咬”的时候。请把这个时间给狗狗，等它冷静下来，主人再过来陪它玩。如果再次被咬的话，依然重复之前的行为。久而久之，狗狗就会学习到“咬到主人的手，主人就不陪我玩了”，于是就不会再咬主人了。

在这种情况下，“好痛”就是“不再有奖励（不再陪我玩）”的标志。所以在日常生活中，我们最好给狗狗设定一些“不行”之类的“不给奖励的话”（参照2–8）。

玩具贵宾犬、约克夏㹴犬等品种的狗狗都很容易兴奋。我们人类的小孩也一样，一兴奋起来便会手舞足蹈。同样，对于容易兴奋的狗狗来说，一旦兴奋起来，嘴巴就会停不下来。如果你家狗狗开始兴奋起来，那么就如上所述，不让它咬到手，并让它知道“有可以咬的磨牙玩具”。对于小型犬来说，他们兴奋的时候喜欢柔软的布材质玩偶而不是坚硬的玩具。

我们可以在玄关放一些磨牙玩具，每当狗狗开始兴奋的时候就把玩具递给它。当狗狗知道不可以咬主人的手之后，它们兴奋起来就会去咬玩具。

如何让狗狗了解“玩耍”和“认真”的区别

狗狗认为是在“玩耍”

狗狗知道是“真的痛”

被咬的时候，你的手舞足蹈会让狗狗认为是在玩耍
大声喊“好痛啊”，并立刻背过身去，这个行为很容易向狗狗传达“这是真正的疼痛”

2-6 场景——因对狗狗使用了口鼻控制法而被咬

名　字 ● 休可拉（♂）

狗品种 ● 玩具贵宾犬

年　龄 ● 1岁3个月

在20世纪80—90年代，欧美国家就开始重视狗狗的行为问题，同时，狗狗训练师和行为专家也开始受到关注。但当时的训练师和行为专家们认为几乎所有的行为问题都是由“阿尔法综合征”（领袖症候群）这一疾病引起的，所以都采取让狗狗“服从”命令的治疗方法，甚至模仿狗祖先——狼的行为来使狗狗服从命令。这种思维方式和解决办法后来也传到了日本，至今还有很多训练师、专家以及狗狗主人相信这是一种非常正确的解决问题的方法，例如控制住狗狗让其仰面朝天的“翻滚法”，抓住狗狗嘴巴的“口鼻控制法”。但是，几乎所有来我这边咨询的人会说，尝试了这种方法后，狗狗的攻击性变得更强了，甚至再一次被咬。迄今为止，我也尚未遇到过采用这种方法真正解决了狗狗行为问题的主人。归根结底，是因为这个方法毫无科学依据。

狗狗仰面朝天的行为是为了避免危险而向对方表示自己没有敌意，这种方法是狗狗在自身慢慢进化的过程中培养出来的。当狗狗出现行为问题的时候，如果通过强行控制狗狗的身体使其处在毫无防备的状态，狗狗会感到无比恐惧。

翻滚法不可取

不可以采用“翻滚法”强行控制狗狗，使其仰面朝天来教育狗狗“服从”命令，只会让狗狗感到害怕

●如果可以良好管教，就不要使用“口鼻控制法”

在什么情况下可以使用口鼻控制法呢？在小狗崽的断奶期，为了避免小狗崽做一些不当行为，狗妈妈会采取以下几种做法：

❶ 温柔地舔小狗崽

❷ 呜呜地叫

❸ 推开小狗崽

❹ 通过咬来阻止小狗崽的不当行为

虽说“口鼻控制法”是模仿❹的行为，但人类“一下子”抓住狗狗嘴巴的做法与狗妈妈的行为是截然不同的。尽管如此，依然有很多人推崇使用口鼻控制法，并且认为“这只是一种模仿行为”。

同时，与其他狗狗相比，在这种“通过咬来阻止不当行为”环境下成长的小狗崽更难适应主人，玩耍的欲望也更低下，易怒且不容易冷静。说得更有意思一点，模范好妈妈不会采用❹这种威胁或攻击性的方法，而是会充满爱意、温柔地对待自己的孩子。也就是说，呵斥狗狗的方法不只有口鼻控制法，并且，口鼻控制法这个原本狗妈妈所做的行为，也并非是小狗崽所希望的。

每当休可拉淘气、家里来客人了就狂叫、嬉闹地咬主人手的时候，或者只要主人认为他做了不当行为的时候，主人都会对它使用口鼻控制法，而每一次被控制住口鼻后，休可拉都会开始“呜呜”地叫。

某一天，主人毫无意识地因一些微不足道的事情而呵斥了休可拉，并对它使用了口鼻控制法。当狗狗停止狂叫时，主人就放手，而主人一放手，狗狗就继续不停地叫，主人只好再去抓嘴巴，就这样反反复复持续了2个小时。之后，休可拉突然停止狂叫，转去咬主人的手，吓得主人立刻把手收了回去。

从那以后，虽然主人不再使用口鼻控制法，但每当给休可拉处理

口鼻控制法

胡乱使用“口鼻控制法”
会让狗狗对“口鼻控制法”
产生恐惧感。这会使给狗
狗处理眼屎或做牙齿检查
变得难以进行
呜呜~
呜呜~

眼屎或准备给它刷牙时，只要把手靠近它的嘴巴附近，休可拉就会露出牙齿做出准备咬人的姿势，并开始“呜呜”地叫。这就是从口鼻控制法中学到的不愉快的经验：主人的手靠近嘴巴附近→开咬→主人的手就会远离。

试想一下，当你遭遇到了强盗，如果你手里有匕首的话会怎么样？你可能也会为了自保而向强盗挥舞匕首吧。那么同样，嘴里长着尖锐牙齿的狗狗也会用咬来进行自我保护。当狗狗正在生气或者感到害怕的时候，你若一把抓住它的嘴巴，它在恐惧之余，就会把自己尖锐的牙齿当成武器来对付你。

建议休可拉的主人放弃使用口鼻控制法，通过使用小零食让休可拉渐渐习惯嘴巴周围也可以被抚摸这个行为。

当感到危险的时候，咬人行为被认为是理所当然的

当一个弱不禁风的女孩子遇到强汉袭击的时候，如果身边有匕首，就会拿出匕首来拚命地挥舞

狗狗也同样会用咬来进行自我保护

绝不推荐一切通过强行控制狗狗来使其服从命令的行为。服从属于自发性的行为，所以，并不是表达了服从的意愿就能解决问题。如果一味地采取这种方法，主人与狗狗之间的信任关系就会崩塌，狗狗很有可能把主人当作恐怖对象，并且为了保护自己而攻击主人。

2-7 场景——为什么不喜欢接近爸爸

名　字 ● 查皮（♀）

狗品种 ● 蝴蝶犬

年　龄 ● 1岁6个月

我经常会听到客户这样说："我家狗狗很害怕男人。"当狗狗生气的时候，就会低声"呜呜"地叫。请思考一下，如果你是狗狗，当有个身材魁梧的人突然靠近你的时候，你不会感到"一丝害怕"吗？对于胆子特别小的狗狗而言，通常男性会比女性或者孩子更让它感到恐惧。

查皮生活在由爸爸、妈妈和初中三年级的女儿组成的3人家庭。从一年前开始，查皮就不再靠近爸爸了，如果爸爸在客厅里徘徊，它就会一个劲地对着爸爸狂叫，如果爸爸想去抱它，它就会一边叫一边咬。

可能连主人自己都没有意识到，查皮开始对爸爸狂叫的原因是当时正处在青春期的女儿经常跟爸爸吵架。

查皮原本就比较害怕且不怎么喜欢爸爸，从那之后，每当爸爸说话声音比较大的时候，查皮就会对着爸爸狂叫。而爸爸的处理方式要么是控制住查皮的嘴巴，要么强行让它的身体仰面朝天。

就这样，查皮就有了"爸爸一靠近就会有不好的事情发生"的意识，只要爸爸在客厅，查皮就会立刻站起来，并且狂叫，以警告爸爸“不要过来”，而查皮越狂叫，爸爸就越想去控制它，最终导致了恶性循环。

●不要让爸爸成为一个讨人厌的存在

首先不要让查皮有“爸爸一靠近就会有不好的事情发生”的意识，而应帮助它形成“爸爸一靠近就有好事情发生”的意识，把爸爸塑造成一个好的形象。同时，爸爸停止了一切查皮讨厌的行为，比如让它仰面朝天或者控制它的口鼻，并且在查皮稍微有意识想靠近的时候就立刻喂它一些零食。

等查皮习惯之后，爸爸开始提高说话分贝，愉快地跟它说话，并给它喜欢的玩具。一个月之后，查皮和爸爸的关系就有了好转，每天晚上还可以一起愉快地散步。只不过，还是经常能听到女儿说“最讨厌爸爸的高分贝噪声了”，而如今，爸爸也一直在努力改善和女儿的关系。

男性和女性给狗狗的印象截然不同

一般来说，比起高分贝但小声说话的小个子女性，狗狗更害怕低分贝但大声说话的大个子男性

如果爸爸趴下来提高分贝说话，查皮应该也会喜欢

2-8 场景——明明没理它，却还是被咬

名　字 ● 索埃拉（♀）

狗品种 ● 玩具贵宾犬

年　龄 ● 1岁

“我家狗狗轻咬起来很凶的。”听到有个客户这么说，我便来到他的家中开始进行交流。我们坐在椅背很高的椅子上还不到10分钟，索埃拉就跳到主人的膝盖上去了。

同时，索埃拉还“汪汪”地狂叫不止，主人瞥了它一眼，继续跟我说话，之后又毫无表情地瞪了它一眼，只是没有去抱它。

没有得到拥抱的索埃拉开始不耐烦地跳来跳去，撕咬或拉扯主人的T恤袖口。就在这时，主人说道：“就是这样的轻咬，我真的不知道拿它怎么办。不仅是衣服袖口，有时候还会直接咬手或者手腕。”

主人把狗狗的“嬉闹性的咬”看成“轻咬”，但问题是，索埃拉的咬根本不是嬉闹性的咬，也不是轻咬。

狗狗这样的行为问题单纯靠主人说是不行的，我们有必要通过观察具体情况提出具体的解决方法。而对于这样的行为，主人一般都是无视的。

●真正做到无视狗狗是很难的

暂时停止狗狗预期中的强化因子（奖励），狗狗的这个行为频率就会下降，这种方法被称为“暂停法”，属于一种“负惩罚”。比如，狗狗为了引起主人注意（奖励）而狂叫，如果你无视它，数十秒之后，狗狗的狂叫就会减少。

在索埃拉跳来跳去、不耐烦地狂叫的时候，主人的确只是瞪了它一眼，并没有抱它或者跟它说话，但这是真正的无视吗？

主人认为对于坐在膝盖上的索埃拉来说，不抱它或者不跟它说话就已经等于“无视”了，因为在管教的时候经常使用这个方法，“无视”就是“没有奖励”的意思。然而对于不耐烦跳来跳去的索埃拉来说，“默默地瞪着”并不是无视。尽管主人并不想关注它，但索埃拉认为只要主人看了自己，就相当于引起了主人的注意。从索埃拉的角度来看，它会解读成“主人明明看我了，但为什么不抱我呢”。于是，行为问题会从跳来跳去逐步升级为狂叫，甚至开咬。

要做到完全无视狗狗是件非常困难的事。

面对狗狗逐步升级的行为问题，主人毫无办法，最后只好说“好吧，知道啦”，并满足狗狗的要求。于是，下一次，狗狗就会坚持胡闹，直到主人满足自己的要求为止。如果跳来跳去还不行，那就边跳边叫——为了得到主人的拥抱而不断强化一系列的不当行为。

像这样的无视，准确来说是想无视的行为，会使狗狗的行为问题更加严重。

● 当狗狗开始跳来跳去的时候，直接对它说“不行”，然后独自安静地回房间

在这种情况下，我们必须搞清楚什么才能成为给狗狗的奖励，所以，我对索埃拉的情绪做了诊断分析，了解到出现这些问题是由于主人的工作过于繁忙，几乎不怎么跟索埃拉待在一起。因此，首先需要

使索埃拉的情绪需求得到满足，稍微延长散步的时间，或者增加一起玩耍的时间，当留它独自在家的时候给它一些刺激（比如咬胶或者葫芦漏食球）。如果每天的生活增添了很多刺激，那么索埃拉为引起主人注意而做出的那些行为就会大幅度减少。

其次，将狗狗那些跳来跳去、咬来咬去的不当行为换成希望它做的行为。当索埃拉跳到主人膝盖上的时候，主人立刻冷静地说出“不行”，并独自走进房间。当狗狗做出正确行为的时候，对它说“嗯，真乖”，或者“对对对，就这样”。

能让狗狗理解“没有奖励了”这个指令当然很好，当狗狗做出不当行为的时候，大部分主人也会对自家狗狗说“喂喂”“不可以”这样的话，但狗狗依然坚持不当行为，并没有理解这个就是“没有奖励”

的意思。这时，我们可以把门一关，静待数十秒，让狗狗安静下来后再回来，若狗狗又开始跳来跳去，就再走到外面去，重复这样的行为。

当狗狗意识到“主人说了‘不行’就会不见”的时候，主人就没有必要做走到外面去这个行为了。相反，当狗狗安静地坐下来的时候，我们要做的是摸摸它，或者陪它一起玩，而这个时候最关键的就是时机。

这样一来，索埃拉重新学习了如果跳来跳去就没有了奖励（那个时候需要主人配合），乖乖地坐下来后才会有奖励（主人+一起玩耍或者被抚摸），久而久之，行为问题就会渐渐消失了。对狗狗而言，搞清楚做什么能被奖励是一件非常重要的事情。

2-9 场景——正准备刷毛，就开始“呜呜”地叫

名　字 ● **艾伦（♂）**

狗品种 ● **迷你腊肠犬**

年　龄 ● **9个月**

艾伦从小就讨厌刷毛，每当主人拿起毛刷准备给它刷毛时，它就会逃到房间里去。无奈之下，主人只好追上去抓住它强行刷毛。这个时候，艾伦就会“呜呜”地叫个不停。

事实上，这是个非常危险的行为，狗狗吼叫就是警告的意思。在被刷毛的时候，艾伦就在抗议：“够了！快住手，不然我真的生气了啊！”

如果主人无视这个警告而继续给它刷毛，艾伦很可能会觉得“既然警告了都没用，那就别怪我不客气了”，最后通过咬来解决问题。遗憾的是，狗狗无法理解主人是因为它的毛发太乱才给它刷毛的。从它的角度来看，自己被主人追赶，还被一根莫名的棒子弄乱引以为傲的毛，真是太难过了。

这种时候，主人也会意气用事，很容易强迫狗狗做一些它不喜欢的事情。但是，狗狗不喜欢就是不喜欢。这里最关键的不是强迫狗狗做它不喜欢的事，而是想办法让它不再狂叫。怎样才能让它停止狂叫呢？那就是让狗狗喜欢上刷毛，当然这不能急于求成，而应让狗狗不再有“刷毛＝讨厌的事”这个意识，把刷毛和开心的事联系起来。

在这个案例中，艾伦最喜欢吃小零食，那么可以按照“给它看毛刷时就给小零食”“毛刷稍微接触到身体就给小零食”“用毛刷刷毛5秒钟就给小零食”的顺序，分阶段慢慢地让艾伦喜欢上刷毛。后来，艾伦只要一看到毛刷，就屁颠屁颠地跑到主人这边来。

非常讨厌刷毛

如果让狗狗意识到刷毛就会有“好事情”，那么它就不再讨厌刷毛了

2-10 场景——明明只是擦个脚，也会“呜呜”地叫

名　字 ● 小华（♂）

狗品种 ● 混血犬

年　龄 ● 3岁4个月

刚散步回来的狗狗总是想快速地跑进家里去玩玩具，或者和家人打招呼。这个时候，你对着兴奋中的狗狗说道：“等一下，不把脚擦干净就不许进家门！”然后强行给它擦脚，这对狗狗来说是不是很不讲道理呢？

狗狗由于急切地想进家门，当然会拼命反抗，而狗狗越反抗，主人越意气用事，只要散步回来就强行给它擦脚，久而久之就形成了一个恶性循环：狗狗越拼命反抗，主人就越强行控制它；主人越拼命控制，狗狗越拼命反抗，直至强行开咬。

你有没有考虑过，比起每次强行给它擦脚，让狗狗主动抬起前脚让你帮它擦不是更好吗？其实这跟刷毛是一个道理，只要让狗狗认为“擦脚＝开心的事”就行了。

由于小华有秋田犬的血统，所以个子相对比较大，想要强行控制它会比较难。如果它露出尖牙狂叫，主人也会招架不住。尽管小华很喜欢小零食，但是每次散步回来，都非常喜欢和在家里的爸爸打招呼，这个时候你给它零食，它理都不会理。因为对于散步回来的小华而言，比起小零食，“和爸爸打招呼”更让它感到开心。

“坐下”是一句充满魔法的话

学习可以在任何场所任何时间进行。让狗狗知道一坐下就可以安静下来

于是狗狗兴奋的时候就会主动坐下来

尽管狗狗很兴奋，但也不能强行让狗狗坐下来，这是常发生的错误案例。不管如何，都要训练狗狗主动坐下来

●将毛巾作为“开心事”的契机

首先训练狗狗能够安静地坐下来。“坐下来”是一句非常有魔力的话。即便是处在兴奋的状态，如果狗狗能主动坐下来，那么它就能够冷静下来，还可以进行思考。小华一般只在吃饭和吃零食前才会乖乖坐下来，那么我们就在各种各样的地方训练它坐下来，这样，渐渐地，它就能随时随地坐下来了。

其次就是让它意识到“擦脚”之后，“开心的事情”就会发生。小华刚从外面散步回来的时候兴奋不已，这个时候，正是最放松的时候，我们可以分阶段让它慢慢地学习“把擦脚的毛巾给它看→给零食、抬起前脚→给零食”这些步骤。当然这个时候跟刷毛一样，不能急于求成。通过两周的训练，小华只要从外面散步回来，就会乖乖地坐在玄关，主动抬起前脚等待主人给它擦脚，再也不用强制给体重30千克、龇牙咧嘴的小华擦脚了，主人笑着说：“现在真是轻松好多啊！”

训练后的小华

因为知道了一看到毛巾就会“有好事情发生”，便会“嗖”地抬起前脚来让主人擦

2-11 场景——为什么会疯狂地追赶自行车和摩托车

名　字 ● 哈利（♂）

狗品种 ● 边境牧羊犬

年　龄 ● 3岁2个月

人类会为了各种各样的目的来改良狗狗的品种，比如以狩猎为目的的猎犬，用来回收捕捉到的猎物的寻回犬，或者追赶羊群的边境牧羊犬等。虽说这些是狗的品种，但其实是一种与生俱来的活动模式（运动模式），并且这种模式会根据狗品种的不同而有所变化。

比如把球叼回来这个动作，教金毛寻回犬要比教吉娃娃容易得多，这是因为金毛寻回犬生来就喜欢叼猎物回来，或许这是不需要教就会的一个习惯吧。狗狗会遵从自身品种的运动模式而本能地感知喜好。

● 作为模式的本能是无法消除的

边境牧羊犬聪明活泼，对人类也非常顺从。但是，仅仅因为聪明而在城市里圈养边境牧羊犬是一件非常不容易的事。为什么这么说呢？因为边境牧羊犬是为追赶羊群而改良的品种。

哈利的主人每天都会带它散步，早晚两次，每次40分钟。但是，每次看到自行车或者摩托车，哈利就会一动不动，并且紧紧盯着摩托车的发动引擎，一旦车启动，就跟着跑过去。这个时候，主人一边拼

运动模式会根据狗品种的不同而有所变化

边境牧羊犬的运动模式是“确定目标→目光紧盯→悄悄接近→追逐目标”

即便同样是牧羊犬，运动模式也会不一样

威尔士柯基犬的运动模式是“追逐目标→开咬（咬住）”

金毛寻回犬的运动模式是“确定目标→开咬（咬住）”

马雷马牧羊犬等品种的狗狗没有特定的运动模式

命地叫喊着“哈利”，一边用力拉住牵引绳。这是非常危险的，因为很有可能哈利在追赶摩托车的时候被车子撞倒，主人也有可能因此摔倒而受伤。

这就是因为边境牧羊犬拥有“确定目标→目光紧盯→悄悄接近→追逐目标”这个与生俱来的运动模式，只不过把猎物从羊群换成了自行车或者摩托车。正因为是与生俱来的运动模式，所以想要阻止这一行为是一件非常困难的事情，并且这个行为（追赶摩托车）一旦重复出现，就很容易被强化。

●让狗狗很好地发挥本能

在这个案例中，我们可以通过“掷飞盘”的游戏让哈利释放自己的天性。同时，这个游戏还能让狗狗和主人更好地沟通，增进彼此的感情。

主人带哈利出去散步的时候，会在草地上陪它一起玩“掷飞盘”的游戏。这个游戏既顺应了哈利的习性，又使它学会了与主人沟通的方法，久而久之，就算看到自行车，哈利也不会像以前那样出现激烈的反应了，而是会更多地关注自己的主人。

此外，使用“项圈牵引绳”(参照5−12)更容易控制住哈利，就算出现摩托车，也能引导它只关注主人。同时，只要狗狗不做出追赶的行为就表扬它，久而久之，这些行为问题就能得到改善。

主人就算是呵斥，或者利用小零食也很难阻止狗狗本能的行为。当然，在我们生活的社会中，教会狗狗“不当行为是不能做的”是主人的责任；而对于狗狗必不可少的行为，想尽办法通过替代行为来满足狗狗的需求也是主人的责任。

2-12 场景——散步时，为什么会攻击其他狗狗

名　字 ● 布莱奇（♀）

狗品种 ● 黑色拉布拉多犬

年　龄 ● 1岁11个月

狗狗是社会性很强的动物，如果它与其他狗狗无法很好相处，一定有什么原因。这或许是因为“社会性问题”（第3章），或许是它曾经被其他狗狗攻击过，又或许是因为主人在无意间做出的一些举动。

主人平常带布莱奇出去散步的时候，它明明可以与其他狗狗打招呼，但总是狂叫不止。如果主人拼命阻止，它反而叫得更厉害，这是为什么呢？

回想起来，有一次带布莱奇去宠物医院打疫苗的时候，有一只刚从诊室出来的大型德国牧羊犬对着它狂叫。接待室非常狭窄又无处可逃，感到害怕的布莱奇也开始对着那只德国牧羊犬狂吠不止。

看到平常不怎么狂叫的布莱奇如此害怕，温柔的主人抱紧它，一边抚摸一边跟它说“没关系的，不要害怕”，试图让它安心。不过……

看到其他狗狗狂叫肯定是有特殊原因的

在布莱奇狂叫不止的时候抚摸它，就会让它意识到“狂叫＝正确的行为”

● 原本是打算让它安下心来，但结果……

于是，布莱奇每次偶遇其他狗狗，就向对方狂叫，主人以为布莱奇感到害怕，所以每次都一边用温柔的声音告诉它没事，一边轻轻地抚摸它。那么布莱奇为什么还是如此狂叫呢？

正是因为每次布莱奇狂叫后，主人就会抚摸它或者抱紧它，让它学习到“看见其他狗狗狂叫”是正确的行为，布莱奇把主人的抚摸当成是一种奖励，同时这一行为被强化了。

在这个案例中，我们需要通过使用项圈牵引绳（参照5-12）来更好地控制布莱奇，当它看到有其他狗狗从很远的地方过来而不断狂叫的时候，我们需要通过响片（参照5-11）来吸引它并且给它小零食，教会它“不狂叫的行为”才是正确的。

2-13 场景——守着玩偶或玩具“呜呜”地叫

名　字 ● **花花（♀）**

狗品种 ● **混血㹴犬**

年　龄 ● **2岁4个月**

母狗有时候明明没有怀孕，却会出现仿佛怀孕了的行为，身体也会发生一些变化，我们称之为“假妊娠”。有些变化可能主人都没有发现，比如溢乳，或者把玩偶当自家孩子一样守着。当然这些并非异常行为，而是由荷尔蒙引起的正常行为。

花花平时非常乖，但在发情期结束后的两个月里，一直把喜欢的玩具放在自己的窝里，并守着它“呜呜”地叫。几周之后，又回到了原来乖巧的样子，仿佛有双重人格（狗格）一样，主人对此毫无办法。

在狗狗发情期间，一旦排完卵，不管是怀孕还是没怀孕，它们的卵巢都会分泌出一种称为孕激素（又称黄体酮）的物质，同时，脑下垂体内会分泌出催乳素（催乳激素），使得母狗的身体和行为出现变化。有些狗狗会出现溢乳现象，或者把玩偶当自己孩子一样守着，甚至焦躁不安地在自己的窝周围转来转去。大多数的“假妊娠”现象会在狗狗发情期之后的第12周消失，并不需要进行特殊的治疗。当然也有其他方法，比如可以让兽医帮忙给狗狗注射抑制孕激素分泌的药剂，或者给狗狗吃一些抗孕激素的药物。

不过，考虑到狗狗的精神压力，如果不准备让狗狗生小狗崽的话，**建议给狗狗做绝育手术**。通过绝育手术摘除分泌孕激素的卵巢后，狗狗基本上就不会再出现假妊娠现象了。为了避免孕激素含量急剧变化，应尽量选择狗狗发情期开始的第二个月、假妊娠结束的一个月后，等狗狗情绪稳定下来再进行绝育手术。

主人带花花做了绝育手术后，花花再也没出现过守着玩具“呜呜”叫的行为。

为什么会那么认真地守着玩偶

这是由于狗狗体内分泌出了一种被称为黄体酮的孕激素、我们一般可通过绝育手术来解决这个问题

2-14 场景——拼命守着饭碗“呜呜”地叫

名　字 ● **达菲（♂）**

狗品种 ● **法国斗牛犬**

年　龄 ● **5岁**

如果对自己有价值的东西被没收了，会是什么心情？肯定会很生气，并且会想方设法把它夺回来。对于对食物有执念的“贪吃鬼”狗狗来说，一旦主人或者其他陌生人靠近自己的饭碗，它就会露出非常生气的表情，这就是“所有权相关攻击”。对狗狗而言，它们的生活没有人类那么丰富，所以吃饭就成了它们最重要且非常值得期待的事情。如果这么有价值的东西被抢走了，那么拼命防御是理所当然的行为。

达菲的主人是双职工，所以每天都只留达菲独自在家，晚上也只带出去散步5分钟。对于一整天都没有什么刺激的达菲来说，吃饭时间便是非常快乐的时光。因此，当达菲津津有味地享用食物的时候，你若对它说话或者杵在旁边看着，它就会开始对你“呜呜”地叫。

而主人为了阻止达菲狂叫，在它吃饭的时候一把夺走了饭碗，试图等它安静下来再放回去，重复了好多次。

后来，达菲只要看到主人稍微靠近一点，就抱住饭碗，紧紧盯着主人拼命地狂叫。面对这样的达菲，就算它吃完了饭，主人也不敢再接近它的饭碗，只好在远处草草地收拾了事。

对于一整天都没有任何刺激的达菲来说，吃饭是它一天中最开心的事情了。如果是你，让你一整天待在没有电视、没有书本，也没有人可以聊天的房间里，仅给你一个能看5分钟电视的机会，你会不会觉得看电视的时间是最值得期待的？如果这个时候把看电视这个权利也给剥夺的话，你会不会拼命反抗？狗狗也同样啊，唯一值得期待的吃饭时间对达菲来说是非常珍贵的，为了不失去这个乐趣，**达菲当然会拼命抵抗**。

● 给狗狗创造一个能安心吃饭的环境

关键是要减少达菲对食物的执念。达菲保持着这样的执念，是由于一天之中值得期待的事情只有“食物”。我们**最好增加一些能让达菲感兴趣的其他事物**。

主人一靠近饭碗狗狗就生气，这该如何是好

狗狗最讨厌主人把夺走饭碗当成惩罚

关键就是要让狗狗学会"主人一靠近就会有好事发生"，比如给它最喜欢的鸡胸肉

比如，主人延长带它散步的时间，或者陪它一起玩，努力让达菲的心情有所改善。这样一来，不到两周的时间，达菲对食物的执念就会渐渐地减少。

接下来便是解决守着饭碗这个行为。最好的办法是为它提供一个能安心吃饭的场所。用牵引绳把它带到其他房间，把绳子绑在柱子上，并给它食物吃，之后主人就离开这个房间。等达菲吃完饭后，再解开牵引绳带它回到原来的房间。因为这个时候的饭碗已经空了，所以没必要再“守护”着了。同时，达菲已经被带到了其他地方，主人就可以收拾饭碗了。或许那个时候你会想：“只不过一顿饭的事情，也没有那么麻烦嘛！”

为了避免出现这样的问题，我们最好在狗狗年幼的时候采取一些预防措施。在小狗崽吃饭的过程中，可以在饭碗里放入比狗粮还好吃的食物（比如鸡胸肉），让狗狗意识到“主人靠近就有好事情”。之后，主人接近饭碗的时候，狗狗就不会再狂叫了。

专栏 2

控制狗狗情绪和行为的神经递质是什么

“今天感觉好烦躁”“今天心情真不错”—— 控制你的这些情绪（心情）的是脑内的“神经递质”。和人类一样，狗狗脑内也存在神经递质。下面，让我们来聊一聊影响狗狗情绪和行为的两种神经递质吧。

① 血清素

血清素是调节情绪的神经递质。如果脑内缺乏血清素的话，情绪就会不太稳定，还会出现学习障碍，甚至有时候还会出现攻击行为。患有抑郁症的人，脑内分泌的血清素比普通人少。狗狗也一样，科学研究显示，具有攻击性的狗狗脑内的血清素含量比没有攻击性的狗狗要少，并且，在具有攻击性的狗狗之中，与带有“开咬之前的狂叫”警告的狗狗相比，不带警告直接冲动开咬的狗狗脑内的血清素含量更低。

你家狗狗平常有没有出现焦虑不安、很难冷静下来的情况，甚至出现抑郁的现象？如果有，请你适当为爱犬搭配一些跟血清素分泌相关的食物或者增加狗狗的运动量吧。

② 多巴胺

多巴胺是强化行为的神经递质。据说狗狗被表扬之后，就会分泌更多的多巴胺。每当狗狗做出了正确的行为，你对它说了一句“好棒啊”之后，狗狗就会分泌多巴胺，同时正确行为也会被强化，重复几次之后，狗狗就会牢牢记住这个行为。

如果脑内缺乏多巴胺，狗狗的记忆力会变差，也更容易焦虑和不安，还会提不起精神、失去干劲。如果你的爱犬年龄不大，但对玩耍提不起兴趣，一直在睡觉，可能就是缺乏多巴胺。

第3章 解决恐惧不安的行为问题

3-1 什么是恐惧不安的行为

有些狗狗特别胆小，而有些狗狗却好奇心非常强。为什么会出现不同的性格呢？这是与生俱来的，还是与成长环境有关？答案是两者都有关系，是遗传和环境两方面的因素造就了狗狗的不同性格。

动物感到强烈恐惧时所做出的行为是为了让自己能够适应之后的环境，或为了繁衍下一代。动物感到恐惧时，为了保护自己的生命安全，通常会做出以下5种行为：

1. **攻击**
2. **一动不动**
3. **逃跑**
4. **昏迷**
5. **避开威胁（劝和）**

狗狗会在其中选择1个或者2个以上的行为来保护自己，比如猫或马感到害怕时就会采取逃跑战略。作为社会性动物的狗狗，一般会选择劝和的方式，如当狗狗做了不当行为被主人训斥的时候，它会贴近主人的嘴巴开始“嘶溜嘶溜”地舔起来。

“攻击”一般是在其他手段失败之后，在别无选择的情况下做出的行为。当狗狗无法从恐惧中逃脱时，只好开始对恐怖对象做出攻击行为。

当动物感到生命危险时所做出的反应

这些行为反应取其英语单词的首字母总称为“5F”

根据狗狗的恐惧程度、日常经验以及对应能力的不同，狗狗会选择不同的手段。

●社会期和年轻时期的经验差别比较大

对于不同狗狗而言，恐怖对象也多种多样：有些狗狗只喜欢人类而害怕其他狗狗，而有些狗狗则刚好相反；有些狗狗害怕车辆，也有些害怕打雷的声音。

那么，为什么会出现这些不同呢？

这主要与狗狗在社会期以及之后的年轻时期的经验紧密相关。

出生后的第3～18周是狗狗情感发育最容易受影响的时期，所以也有专家将这个时期称为“社会期及驯化（适应）时期”。

狗狗出生后的第3周，它开始睁眼，也渐渐有了听力，还能慢慢地自主接收环境中的各种信息，而这种状态会一直持续到性成熟开始的第18周。我们将出生后的第3～12周称为社会期。

在狗狗开始感知危险的第7～8周，就具备了适应其他狗狗的社会能力，而到了第12周便能适应人类社会。成长在宠物店里的狗狗，在这段时期内大多无法与其他狗狗取得交流。

即便是成年狗狗，当接触到从未见过的事物时，也会感觉到恐惧。当然也有好多狗狗在幼崽时期便尝试体验了这些挑战，产生了“压力免疫”，能够泰然自若地独自应对困境。

●有时候长大了，反而恐惧的对象增多了

那么，是不是从小经历了各种各样的挑战之后，狗狗就会变得不再害怕了呢？答案并非如此。狗狗对危险对象所做出避让或者攻击是与生俱来的必要行为。

即便是成年狗狗，也会经常不断地学习。当最喜欢的主人突然间体罚自己的时候，狗狗就会重新审视主人，并将其认定为恐怖对象；当主人听到警报器的声音后做出夸张的反应时，狗狗也很有可能将警报器认定为恐怖对象。

事实上，在社会期及年轻时期经历过各种各样挑战的狗狗，的确比平常经验较少的狗狗胆子大一些，并且不容易感到恐惧。

经验较少的狗狗很容易对无关紧要的事情或刚接触的新鲜事物感到恐惧，这种胆小、不安的情绪会引发一些行为问题。所以，为了防止狗狗出现行为问题，我们应该给予狗狗积累各种经验的机会，并锻炼它的胆量。

3-2 场景——极度害怕雷声

名　字 ● **休特（♂）**

狗品种 ● **德国牧羊犬**

年　龄 ● **3岁10个月**

由于狗狗在幼崽时期涉世尚浅，会出现无法独自应对新挑战的局面。

对于休特而言，它最讨厌的便是大的声响了。每每听到雷声或者烟花的声响，它就会在房间里不安分地转来转去，时而挠挠地板，时而钻到餐桌底下瑟瑟发抖。看到如此恐慌的休特，主人不管是大声呵斥还是试图温柔地安慰，或者紧紧抱住它，抑或打开电视来转移它的注意力，都无济于事。

像休特这般害怕雷声或烟花声响的狗狗还不少呢！有的狗狗会像休特那样陷入恐慌，也有的狗狗会主动向主人求救。

●让狗狗习惯雷声

首先，我们需要在家里设置一个“安全隐蔽的地方”，比如在房间的某个角落放一个笼子，并将毛毯等盖在上面，让狗狗意识到这个地方就是自己安全的藏身之处，一旦感到恐慌就可以逃到里面去。如此一来，休特就有了一个安全的避难所，再度陷入恐慌时能够独自应对，这种方法会比主人的安慰更有效。

刺激的声音不可以太大

即便是突然间响起的大音量，狗狗也会害怕至极

接下来，我们需要通过“脱敏作用”（又称减敏或去敏）让休特渐渐适应雷声。把打雷的声音录成CD，并调小音量放给休特听，同时再给它吃点小零食。这时的关键点是要正确把握狗狗的害怕程度。如果狗狗非常害怕，它就会顾不上零食，这种情况说明刺激（雷声）过强了。

在休特无意识地吃小零食的时候，渐渐放大音量，这是为了将“雷声”与“好事物”联系起来。就这样，在家里一边播放雷声CD，一边给休特吃小零食，还给它玩玩具，并反复进行，等到它习惯之后，再进一步放大音量。此外，还可以将CD带到外面，散步时也播放打雷的声音。

● 变得能够冷静应对打雷的声音

久而久之，休特即便是听到真正的打雷声，也不再像以前那么慌乱了，而是会冷静地趴下来，或者跑进“安全避难所”里乖乖睡觉。

但困难的一点是，我们很难预测什么时候会出现打雷或者放烟花的声音，所以依然无法消除这些声音给狗狗带来的刺激。其中有些狗狗会通过观察主人的反应再做出行动。当出现打雷或者放烟花的声音时，有时候主人会以拥抱狗狗并温柔地安慰狗狗作为奖励；但有时候主人也会害怕，因此狗狗会认定这些声音就是“可怕的东西”。当然，除了这些声音，当狗狗露出少许害怕的表情看着主人的时候，应避免出现夸张的反应，主人可以用一种淡然的态度去面对狗狗，并镇定地问它：“发生什么事了吗？”

主人的态度也很重要

请像没有打雷一般淡然。如果主人也同样害怕的话，会让狗狗更加害怕

3-3 场景——害怕其他狗狗

名　字 ● **里恩（♂）**

狗品种 ● **西高地白㹴犬**

年　龄 ● **3岁**

狗狗具有极强的社会适应能力，但是，也有些狗狗非常害怕人类，甚至连同类也害怕。这是为什么呢？究其原因，是当狗狗处于重要的社会期时，没有充分与其他狗狗以及人类进行接触而导致“社会化不足”。

当里恩的主人在宠物店里看到只剩里恩这一只已有5个月月龄的狗狗时，便决定把它带回家。里恩很喜欢人类，但见到其他狗狗就会感到非常害怕。因此，主人每次带里恩出去散步时，一旦遇到其他狗狗，就会强行让里恩与对方碰碰鼻子，或者嗅嗅屁股，并对里恩说“要成为好朋友哦，来，打个招呼吧”。

这使里恩感到十分害怕，并且随着年龄的增长，叫得越来越大声。直到后来每次去散步，只要看到远处有其他狗狗过来，里恩就开始狂叫。主人只好一边跟对方主人道歉，一边牵着里恩赶紧离开现场。主人越想让里恩习惯，里恩的行为就越发恶化。

●只要狂叫就能与陌生狗狗毫无瓜葛

里恩在宠物店的笼子里度过了社会期，只接触过店员和客人，所以非常喜欢与人类交流；但由于没有接触过其他狗狗，所以不知道怎么跟它们交流。对于里恩来说，其他狗狗就相当于一个“未知的存在”。

每次遇到其他狗狗，主人强行控制住里恩，使其在身体无法动弹的状态下与其他狗狗碰鼻子或嗅屁股的行为会让里恩将这个未知的存在升级成“恐怖对象”。

当里恩狂叫“好可怕！我要去其他地方”的时候，主人就开始慌乱，只好不再让他与其他狗狗打招呼而草草离开现场。于是，里恩就学会了“只要狂叫就可以不用再与陌生狗狗打招呼了”，所以之后每次看到陌生的狗狗就开始狂叫。

●练习即使遇到其他狗狗也无需慌张

在这里，我们需要好好教里恩“坐下”这个动作，让狗狗在有必要冷静下来的时候能够自然而然地坐下来。当狗狗再看到远处过来的其他狗狗而开始狂叫时，主人可以通过使用响片（参照5-11）来吸引里恩的注意，并给它小零食吃。

响片非常实用，能够将“不狂叫才是正确行为”这个意思准确传达给狗狗。通过两周时间的训练，里恩看到其他狗狗就不会再胡乱狂叫了，而是乖乖地坐在主人旁边自主冷静下来。

我们可以理解主人希望爱犬“与其他狗狗和睦相处，与其他狗狗成为好朋友”的心情。但是，狗狗真的也这样希望吗？因为在社会化的关键时期，狗狗错过了与其他狗狗接触的机会，即便长大了也很难与其他狗狗进行良好的沟通，同时也不知道怎么跟它们一起玩耍。

常见的主人的错误行为

相反，也不可以慌慌张张地逃跑。这会让狗狗学习到“只要狂叫就可以逃离现场，或者使对方离开”

在狗狗处于社会期的时候，应让其尽可能多地与各个品种的狗狗接触，培养狗狗原本就很强的社会适应能力。如果狗狗在社会期内没有跟其他狗狗交流过，很有可能无法与它们很好地玩耍。但请不要轻言放弃，要相信总有一天，狗狗能够学会面对其他狗狗时不再狂叫，而是乖乖地自己坐下来。

3-4 场景——对着老年人狂叫

名　字 ● **萨萨（♂）**

狗品种 ● **吉娃娃**

年　龄 ● **2岁7个月**

在散步的时候，如果对面有男人或老年人往这边走过来的话，狗狗就会狂叫。可是明明对方没做什么令它讨厌的事，狗狗为什么会狂叫不止呢？倘若你试着体会一下狗狗胆小的性格的话，自然就能理解其中的缘由了。

为什么会害怕老奶奶

老奶奶跟弓着腰处于攻击状态的狗狗很像，使狗狗感受到了威胁

在第1章中，我们提到过狗狗很害怕个子较大、说话声音像狗狗低吟声的男人。但是，当狗狗处于攻击状态的时候，你知道它会做出怎样的架势来吗？低着头、弓着背，浑身毛发都竖了起来，有没有觉得这个姿势跟什么很像呢？ 对，和老年人猫着腰，推着手推车走路的姿势很像，其中还包括拄着像凶器一样的拐杖走路的老年人。从狗狗的视角来看，这是一种威胁。

此外，狗狗不太喜欢与人类近距离对视。你可以尝试直勾勾地注视自家狗狗的双眼，它肯定会很快避开视线，并靠近你的嘴边开始“嘶溜嘶溜”地舔你以表示投降。这是因为在狗狗的社会关系里，近距离对视是挑战的意思。

喜欢狗狗的人经常会一边说着“狗狗好可爱啊”，一边蜷下身来注视着狗狗的双眼。但是，这个行为会令胆小的狗狗感到特别恐惧。所以，想跟狗狗和睦相处，就需要体会狗狗的心情，并学习它们的身体语言。

擅长沟通的狗狗一般不会从正面靠近其他狗狗，而是从侧面转过来，在避开视线的状态下一边慢慢靠近一边打招呼。那么，让我们也尝试着这样做吧!

●当遇到老年人的时候，制造一些开心的事

接下来，让我们再来看看萨萨的情况：萨萨一看到对面有老年人，就会用狂叫来表达“不要靠近我”。如果老年人不理解萨萨当时的心情而贸然靠近的话，一旦摔跤就会非常危险。因此，不仅在家里，在室外时，主人也要教萨萨学会“坐下”这个动作。这样一来，以后就算萨萨看到老年人狂叫不止，我们也可以拿一些小零食来引导它乖乖坐下来，或者给它一些喜欢的玩具，陪它一起玩。

这样的行为会让狗狗感到恐惧

与狗狗近距离对视

沟通能力较强的狗狗绝不会从正面去靠近其他狗狗

形成了“看到老年人就会有开心的事情发生”这个意识，萨萨就会乖乖地坐下来而不是一个劲地狂叫。为了防止这种对着特定的人狂叫不止的行为发生，我们非常有必要让狗狗在社会期内多多接触各种各样的人，包括男性、女性、小朋友以及老年人。

3-5 场景——家里来了客人就会特别害怕

名　字 ● **丘蒂（♀）**

狗品种 ● **混血㹴犬**

年　龄 ● **1岁4个月**

丘蒂从收容所来到主人这里是在圣诞节前夕。2天之后，家里举办圣诞派对，来了好多亲朋好友，大家都觉得丘蒂非常可爱，有的去抚摸它，有的去抱它，还有小朋友追着它玩耍。在还没完全习惯新的环境之前就承受这么多客人的拥戴，吓得原本就比较敏感的丘蒂逃进沙发底下不敢出来。

● 在相识的过程中慢慢适应

首先，我们必须调整丘蒂的情绪，让它能够冷静下来，适应这个新的环境。在这个案例中，我们可以在房间的角落里放一个笼子，将毛毯等盖在上面，再把丘蒂的窝放进去。平常都把笼子门打开，让丘蒂可以自由进出。笼子原本是用来让狗狗在里面安静地睡觉的，但也经常能看到将其作为惩罚的牢笼。

从丘蒂的情况来看，我们只要确保在新的环境中有一个能让丘蒂安下心来的场所，并真正放松下来。甚至有时候，我们也可以使用D.A.P.液体（狗狗信息素）来缓解狗狗的不安情绪。D.A.P.液体是指狗妈妈乳腺周围分泌出来的信息素，具有缓解狗狗不安情绪、减轻

为胆小的狗狗设置一个能安心的场所

在房间角落放一个笼子，将毛毯盖在上面，并且平常都把笼子门打开，这样能让胆小的狗狗放下心来

压力的效果。在欧美的行为治疗中，经常会使用D.A.P.液体（参照专栏5）。

等丘蒂的情绪稳定下来之后，我们就可以分阶段帮助它树立“来客人就有好事情发生”这个意识，而这需要丘蒂熟悉的人来帮忙。

一开始，主人不要直接去吸引躲在沙发底下的丘蒂，可以在沙发一侧放一些小零食，并多次重复，慢慢地，它自己就会从沙发底下钻出来了。然后，主人再慢慢地用手去喂它吃小零食，等它更加习惯一点之后，再用玩具陪它一起玩。在丘蒂适应了这些行为之后，主人可以带它去见其他人，直到它最后能够完全适应那些来到家里的陌生人。现在，就算家里来客人了，丘蒂也不会再躲到沙发底下去了，而是乖乖地躺在旁边，或者自主安静下来。

狗狗来到新的环境，首先要为它设置一个能独自冷静下来的场所。为了能让狗狗自己适应这个新环境，请暂时不要打扰它。

暂时不要打扰它

如果一下子给太多刺激的话，狗狗很难冷静下来。所以，尽可能暂时不要打扰它

3-6 场景——害怕小孩子

名　字 ● **小凛（♀）**

狗品种 ● **约克夏㹴犬**

年　龄 ● **3岁2个月**

男人、老年人，连小孩子都是胆小狗狗的天敌。因为小孩子活动起来，比如突然跑起来、大声叫喊等，很多情况都是无法预测的，而且小孩子不知道手劲的轻重，有时候会弄疼狗狗。

小凛主人家附近没什么小孩子，所以在它的成长环境中，几乎没机会接触到他们。有一天，主人带着小凛在公园散步，碰到了一群在那儿玩耍的幼儿园小朋友，大家看到狗狗都很兴奋，一拥而上，围着小凛，有的抱它，有的追着它玩，吓得小凛魂不守舍。

从那以后，小凛只要看到小孩子就一溜烟地逃跑。由于之前都没怎么接触过小孩子，而那次在公园的经历让它形成了“遇见小孩子就会发生不好的事情”这个意识。

●一点点慢慢地缩小狗狗与小孩子的距离

在这个案例中，需要主人朋友的小孩来协助训练小凛。朋友的小孩名叫穗香，10岁，是一个乖巧的女孩子。首先，让穗香坐在公园的长椅上，再让小凛一步一步慢慢靠近穗香，一旦小凛稍有靠近，穗香就喂它吃最喜欢的小零食；如果看到小凛出现一点点厌恶感，就立刻退回到安全距离，然后重新开始。就这样，小凛慢慢地学会了自己靠近小孩子。

当小凛自主靠近穗香的时候，穗香就朝小凛的方向扔小零食，渐渐地，双方的距离越来越近，之后，小凛会从穗香的手里吃零食，最后还让穗香抚摸，或者一起玩玩具。小凛有了“只要遇到小孩子就有开心的事情发生”这个意识之后，再看到其他孩子也不会逃跑了，而是主动靠近。

我们除了通过指定某个小孩子来训练狗狗外，还需要让狗狗意识到所有孩子都是“快乐的存在”，而这种方法被称为“泛化”。

狗狗害怕孩子怎么办

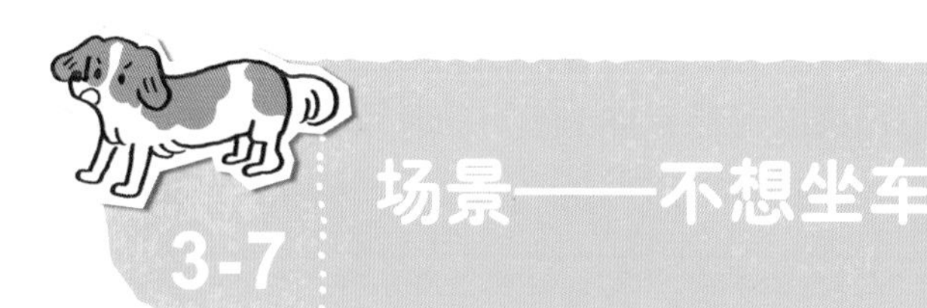

3-7 场景——不想坐车

名　字 ● **小兰（♀）**

狗品种 ● **约克夏㹴犬**

年　龄 ● **4岁5个月**

对于坐车，有些狗狗非常喜欢，但也有些狗狗非常讨厌，甚至会害怕。在幼崽时期没有坐过车的狗狗，或者坐车后遭遇了恐怖经历的狗狗，都会很害怕坐车。

从小兰出生后的第6个月开始，只要让它坐车，它就会大闹大叫。坐上车后，就在那儿“哈呼哈呼”大口地喘着气，没过多久就吐了。所以，主人一般都尽可能不让小兰坐车，只是偶尔去宠物医院没办法时才会让它坐一次。

事实上，这样一来，会让狗狗更害怕坐车。因为每次坐车都是去宠物医院，所以，小兰就会把讨厌坐车和去宠物医院联系了起来。

要解决这个问题，我们必须首先让狗狗习惯坐车，然后让它将坐车与会发生快乐的事情联系起来。

●让狗狗慢慢适应

首先，在开着车门停在那儿的车子附近给小兰吃一些小零食，或者陪它一起玩玩具，并且这样坚持3天左右。当小兰开始自主靠近车的时候，就拼命表扬它。

接下来，看到小兰不再像以前那样害怕车子的时候，开始训练它主动进入车内。主人先走进车里坐下来，然后对小兰说“过来，跳”。

小兰跳入车后，给它零食或咬胶，陪它玩最喜欢的玩具。然后慢慢延长狗狗在车内的时间，从最初的3分钟延长到10分钟、20分钟。

当小兰会自己跳进车里的时候，让车启动30秒，然后停下来让它下车，之后再慢慢地延长车子前进的时间。要注意，车子去往的方向不是宠物医院，而是小兰最喜欢的附近的公园。

就这样慢慢地延长距离，让小兰形成“坐上车后就会有开心的事情发生”的意识，之后，小兰就喜欢坐车了。如今，能和小兰一起出远门，主人甚感欣慰。

在社会期经验不足的狗狗很容易对新刺激产生恐惧，并试图避开这些刺激。主人不仅要让狗狗避免遇到可怕的事情，还应该慢慢将其与狗狗喜欢的事情联系起来，并告诉它不需要感到害怕，这种方法被称为“对抗条件反射”。这个时候最关键的是要一边考虑狗狗的心情，一边确保将狗狗的恐惧慢慢转变为喜悦。

狗狗害怕坐车该如何是好

当狗狗自己靠近车子的时候，就使劲表扬它；当它跳进车里之后，就给它吃小零食，陪它玩最喜欢的玩具。等它慢慢习惯后，就带它坐车去最喜欢的地方。这样一来，狗狗就形成了"坐车＝有好事情"的意识

3-8 场景——害怕去宠物医院

名　字 ● **小黑（♂）**

狗品种 ● **混血犬**

年　龄 ● **1岁**

害怕去宠物医院——几乎所有狗狗都是这样的吧。在欧美的宠物医院里，为了不让狗狗感到害怕，会经常开设幼犬训练班。幼犬训练班不仅能培养狗狗的社会适应能力，还能加深狗狗与兽医及宠物护士之间的信赖关系，此外，这个训练班还可以促进主人和兽医及护士之间的良好沟通。

狗狗在幼崽时期参加训练班，能亲身体会到宠物医院是一个“能和其他狗狗、兽医以及护士一起快乐玩耍的地方”。

现在，有很多宠物医院都开设了幼犬训练班，据说有的医院还设置了一边投食一边散步的训练项目，让狗狗喜出望外。

给狗狗接种疫苗的种类和时间非常重要。小狗崽通过喝母乳能够获得对抗传染病的免疫力，这种免疫力被称为被动免疫。但是，因为“被动免疫”会随着时间的推移而慢慢降低，所以我们需要给小狗崽接种疫苗，为了使疫苗达到更好的效果，一般需要在被动免疫消失后的第2～4个月给狗狗接种2～3次疫苗。

不过，最近科学家研发出了一种可携带被动免疫接种的有效疫苗，

狗狗害怕去宠物医院该如何是好

通过参加宠物医院开设的幼犬训练班，让狗狗知道“宠物医院并不是可怕的地方”

也可以提前接种疫苗

如果提前接种疫苗，那么狗狗也能提前适应社会。可尝试与负责的兽医商量一下

这能够让狗狗提前接种疫苗，从而更早地适应社会环境，主人可以与负责的兽医商量是否需要提前接种疫苗。在狗狗的社会期内，与其让它整天待在家里，还不如多给它一些接触社会的机会，比如抱着它出去散步，去见身边的各种朋友，或者听听不同的声音等。

此外，出生后的第60天左右是狗狗的“恐惧印记时期”，在这个时期内所接触过的恐怖经历很容易成为狗狗的心理创伤，所以，带狗狗去宠物医院接种疫苗的时候，需要特别留意这一点。我们可以通过给它吃最喜欢的零食等方式来尽可能降低狗狗的恐惧情绪。

我在很小的时候就非常不喜欢去看牙医，但是只要我坚持做完检查，家人就会在附近的玩具店给我买玩具，以此作为奖励。狗狗也一样，每次去宠物医院打疫苗的时候，主人可以试着给它吃美味的零食，或者给它玩最喜欢的玩具来作为“忍耐后的奖励”，缓解狗狗的恐惧情绪。

3-9 场景——害怕主人

名　字 ● **拿铁（♀）**

狗品种 ● **骑士查理王小猎犬**

年　龄 ● **8个月**

当你的爱犬淘气或者做了不当行为的时候，你是怎么处理的呢？有的主人会一边大声呵斥“喂！给我住手”，一边拍打着狗狗。可能有人会说：“干了坏事就必须受到惩罚，这就是惩罚教育。”但是，惩罚狗狗真的能够阻止狗狗的这些行为吗？

拿铁的主人是一对40岁左右的夫妻，平常和男方的父母住在一起。拿铁非常害怕男主人的爸爸（爷爷），平常都不敢靠近，如果爷爷靠近它，它便飞快地逃到其他房间，躲在隐蔽的角落里。那么，为什么拿铁会这么害怕爷爷呢？

那是因为在拿铁幼崽时期，每当它随地大小便或者狂叫，爷爷就会用尺子打它。这就是爷爷的想法：“狗狗干了坏事就必须惩罚它。”

拿铁的性格比较消极，遇到危险（爷爷）就会通过逃跑来保护自己。如果是性格积极的狗狗，可能不会逃跑而是选择攻击对方。

“体罚”这个词本身就带有恐怖的印象，行为学上的体罚大致分为两大类。第1章介绍了正强化和负强化，关于体罚也有正惩罚和负惩罚。对狗狗而言，正惩罚是讨厌的事情（体罚因素），而负惩罚是好的事物（强化因素）逐渐消失。一提起通过管教来惩罚狗狗，几乎所有的人都会联想到训斥、敲打这些体罚，而这些体罚属于正惩罚。但是，不建议通过使用正惩罚来解决狗狗的行为问题。

1 很难把握惩罚的时机

当狗狗出现不当行为的时候，如果不立刻（1秒之内）对其进行惩罚，就看不到具体的效果。一般体罚狗狗的主人大多数是在狗狗做出不当行为之时一边说着“住手”，一边通过无视或者敲打狗狗来作为惩罚。

为什么不能惩罚狗狗

很难把握给予惩罚的时机。狗狗做出了不当行为后，如果不在1秒内进行训斥，就没有效果

② 每次都必须惩罚

对于狗狗做出的不当行为，每次都必须惩罚。比如狗狗爬到桌子上去这个行为，如果有时候惩罚，有时候又无视，根本起不到惩罚的效果。

每一次都必须惩罚，否则就没有效果

③ 很难把握惩罚强度

如果惩罚的强度不够，狗狗就会习以为常。于是，主人就会将体罚升级，但是体罚根本没有限度。

④ 与主人之间的信任关系破裂

如果狗狗经常受到体罚，很容易看到主人就感到害怕，甚至还会躲避主人。

把握惩罚的强度很难

5 无法从惩罚中学会正确的行为

如果通过体罚来阻止狗狗的不当行为（例如狂叫），狗狗很有可能会出现其他不当行为（例如乱跳）。

若总是惩罚狗狗，狗狗就会对主人抱有恐惧心理，两者之间的信任关系还会因此破裂。同时，狗狗的精神状态也会变得很不稳定，还会出现以前从未出现过的其他问题，比如排泄问题或者攻击主人等。

在行为学上，如果通过惩罚并没有减少或者解决行为问题，就称不上是惩罚。但对于狗狗来说，这却是一种让其感到害怕的“威胁”。

与主人之间的信任破裂是最糟糕的

无法从惩罚中学会正确的行为。狗狗还会认为"如果狂叫不行的话，下次就试着跳起来"等

●停止体罚的话，会变得不再害怕

要让爷爷知道体罚拿铁没有任何意义，反而会使它的行为问题更加恶化，所以最好还是不要再体罚它了。作为行为咨询师，我的感受是，要让全家人统一处理狗狗的行为问题是一件很难的事情。因为比起解决狗狗的行为问题，改变人类的想法和行为更加困难。

自从爷爷不再体罚拿铁，而是温柔地对待它，并且亲切地陪它说话之后，拿铁不再像以前那样害怕爷爷了，看到爷爷也不会逃跑了。当然，爷爷也亲眼目睹并亲身感受到了拿铁的这些变化。

拿铁的主人也说："在我小时候，每次淘气捣蛋就会被爸爸打，但我依然会淘气。"最后，爷爷也终于承认"那种惩罚根本没有任何意义"。

惩罚不仅不能解决狗狗的行为问题，也不能让狗狗从中学会正确的行为。为了解决狗狗的行为问题，我们应该教会狗狗用新的正确行为来代替不当行为。

专栏3

在福岛，失去了主人的狗狗们……

2011年3月11日，在太平洋海域东北部发生了地震，导致福岛县经历了地震、海啸以及核电站泄露三重事故的打击。随着时间的流逝，离开福岛重新生活的人们渐渐遗忘了地震所带来的痛苦回忆。但是，依然住在那里的人们还沉浸在当时的痛苦之中。

在禁止入内的区域范围里，有家的人不能回家，而牛、猪等家畜，包括猫猫狗狗都因无法与主人一起避难而被遗留在了那里。

其中，运气好的猫猫狗狗会被带到福岛第一收容所或者第二收容所。虽然如今各方面的条件有了大幅度的改善，但在当地工作的兽医以及志愿者说："收容所人手不足，资金也严重匮乏。"

〝福岛第一收容所〞的场景

尽管这些猫猫狗狗受到了兽医和志愿者们竭尽全力的保护，但由于失去了主人和习惯的环境，它们承受着巨大的精神压力：有些小狗崽出生于核电站事故之后，在禁止入内的区域以及没有人类的环境中生活，一看到人类就会感到害怕；有些狗狗由于精神压力，会做出咬自己的脚爪、追赶自己的尾巴等行为；有些狗狗一看到人就会一个劲地摇着尾巴，从笼子的缝隙中伸出脚爪希望能被抚摸……对这些猫猫狗狗来说，它们最需要的是一个能够安全又放心的场所以及能够给予它们关爱的主人。

笔者是在核电站事故发生后的第9个月去做的访问，离东京电力·福岛第一原子能发电站数千米处，有一位兽医开了一间诊所，笔者从那里得知，离开这里重新生活的人们都会遗忘地震的事情，但地震所留下的痕迹，以及迄今为止在人们以及动物心里残留的创伤依然无法抹去。解决这个问题，是我们这些幸存者们的使命。

狗狗不安的表情真是令人心疼

第 4 章

解决排泄问题

4-1 排泄问题是狗狗传达的信号

狗狗的“排泄问题”有很多，比如小狗崽记不住厕所的位置、吃大便的“食粪行为”、在室内做标记（为了留下自己的气味，到处撒一些尿）等。如果你的爱犬开始出现这些行为，很有可能是遇到了肾脏疾病、精神压力、性激素效应、痴呆症，以及离别焦虑障碍（参照4−12）等各种疾病问题，也就是说，狗狗出现的排泄问题其实是传达给主人的一个信号。所以，我们要解决的不是“对狗狗进行厕所训练”，而必须从根本上解决“为何出现不正确的排泄行为”这个问题。当然，小狗崽出现“食粪行为”以及记不住厕所的位置是常有的事。不过，狗狗是非常爱干净的动物，一旦记住了主人给它设定的“厕所”位置，就不会再到厕所以外的地方排泄，也不会经常吃大便。

有些主人会因狗狗存在攻击行为及离别焦虑障碍的问题过来咨询，当我问道：“还有其他什么特别的行为问题吗？”狗狗主人一般都会回答：“这么说来，的确还有经常在家里乱撒尿、吃大便等问题。”这并不是关于“厕所管教”的问题，而是狗狗感觉到压力的一种信号。生理需求得到满足时的快感是非常强烈的，就算我们不夸奖狗狗，对狗狗来说，自身“排泄后的畅快感”也是一种强有力的褒奖。

4-2 场景——不在厕所大小便

名　字 ● **莉莉（♀）**

狗品种 ● **蝴蝶犬**

年　龄 ● **6个月**

都教了好多遍厕所的位置，可为什么狗狗还是不在厕所大小便呢？难道是不喜欢在那个地方上厕所吗？当出现这种问题的时候，请试着想一想厕所的摆放位置有没有问题吧。

莉莉怎么都不愿意在主人为它准备的厕所里大小便。主人也毫无办法，只好带它过来咨询。

●需要注意厕所的摆放位置

在这个案例中，我一看到厕所的摆放位置就知道是怎么回事了。怎么可以将厕所摆放在客厅的正中央呢？这样一来，莉莉肯定不会安心地大小便啊。因为狗狗在排泄的时候是蹲着的，处于一种毫无防备的状态，一旦有敌人来袭，根本无法抵抗。对于敏感的狗狗来说，在众目睽睽之下做出这种不防备的姿势会让狗狗非常紧张。

把狗狗的厕所摆放在房间的角落或者后面是墙的地方吧。有些狗狗会讨厌后面是窗户的位置，所以最好将厕所围起来，让狗狗能够安心地上厕所。

不过，习惯了抬腿撒尿的狗狗非常讨厌蹲着撒尿。在这种情况下，我们就需要在厕所里竖着放个厚纸板，将厕所改成L形，方便狗狗抬腿撒尿。

千万不要在厕所附近放饭碗和窝。因为狗狗非常爱干净，所以很讨厌自己的饭碗和窝在厕所边上。顺便提一句，对于习惯在家里做各种标记的狗狗来说，如果在它做标记的地方放饭碗的话，狗狗以后就不会在那里做标记了。

针对莉莉的情况，我们需要将厕所移到一个不怎么显眼的房间角落，并将四周挡住，这样莉莉就可以安心上厕所了。

错误的厕所摆放例子

放在房间的正中央

正确的厕所摆放例子

最好是放在不容易被人发现的房间角落。如果将四周围住就更好了

4-3 场景——记不住厕所的位置

名　字 ● 柯顿（♀）

狗品种 ● 卷毛比雄犬

年　龄 ● 8个月

对于平常大多数时间都在笼子里度过的狗狗来说，记不住厕所的位置是很正常的。不过，明明在笼子里的时候能够很好地在托盘上上厕所，但一来到外面就开始随处大小便……主人为避免家里到处都是大小便，就将狗狗一直关在笼子里。这样一来，狗狗将永远记不住厕所的位置。

柯顿一出生就生活在宠物店的笼子里，直到5个月大时才来到现在的主人家里。在宠物店的时候，店员教过它怎么在笼子里上厕所，但是因为没有教过它如何在外面上厕所，所以柯顿会在家里的地毯、沙发以及坐垫等各个地方胡乱撒尿。

主人每次看到柯顿在家里胡乱撒尿，就会指着它的鼻子训斥，要么无视它，要么等它撒完尿后再抱它去笼子里的厕所，所以迄今为止，柯顿依然不知道如何在笼子外面上厕所。

为了避免家里到处是小便而无法收拾，主人一直将柯顿关在笼子里养，但是这样一来，又接连出现了其他行为问题，比如狂叫或者吃大便等。

让狗狗亲身体验

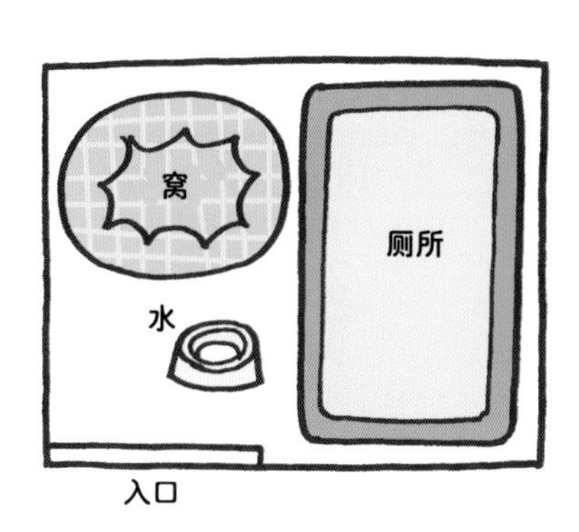

尽管在笼子里的时候能够正常撒尿……

一走出笼子，就把各个地方当成厕所

如果不让狗狗亲身体验走到笼子外面的厕所排泄的话，它就无法记住厕所的位置

●不能没有经验

像柯顿这样，长时间在宠物店的笼子里成长，或者平常就生活在笼子里的狗狗很难记住厕所的位置。那是因为它们没有“走去厕所”这样的经验，而狗狗又是很爱干净的动物，非常讨厌自己的床被排泄物弄脏。

狗狗一旦走出笼子，由于排泄的位置变多了，而它又不知道如何在笼子外面的厕所大小便，或者怎样再回到笼子里面排泄，自然就记不住厕所的位置。让狗狗记住厕所位置的最快方法，便是给予狗狗自己走去厕所的体验。也就是说，把狗狗带到家里的各个地方（笼子外），当狗狗出现想上厕所的征兆时，就带它去厕所大小便。

●不放过任何一个要排泄的征兆

接下来，我来讲解一下让狗狗记住厕所位置的方法。主人需要在狗狗感觉不到压力的状态下观察狗狗的状况，通过确定吃饭时间、记录排泄时间等让狗狗有规律地生活，这样更容易抓住狗狗的排泄时间点，狗狗的排泄时间点一般有以下几个：

1. **刚起床**
2. **尽情玩耍之后**
3. **兴奋过后**
4. **吃完饭、喝完水之后**

狗狗代表性的排泄征兆是在地面上嗅来嗅去，或者不安分地转来转去。在这个时候，需要我们引导狗狗去厕所的位置大小便。如果很难把狗狗叫过来的话，就需要通过零食或者牵引绳等把它带到厕所。

当狗狗在撒尿的时候，我们可以像给小孩子把尿一样发出“嘘嘘”的声音，把尿声和排泄的行为结合在一起，狗狗就会条件反射性地顺利撒尿。等狗狗在厕所撒完尿后，就使劲夸它并给它吃小零食。

这些是排泄的时间点

跟往常差不多的时间

早上起来

尽情玩耍之后

兴奋过后

吃完饭、喝完水之后

● 让狗狗能在笼子外面正确排泄

延长柯顿待在笼子外面的时间，一边记录排泄的具体时间，一边仔细观察它想排泄时的样子。一旦柯顿出现想排泄的表情，主人就立刻引导它去厕所。

经过差不多5天时间的引导，柯顿学会了自己走到笼子以外的厕所排泄。现在，主人再也不用担心狗狗的排泄问题了，可以让它一直待在笼子外面，柯顿不再狂叫着“要回笼子里上厕所”，也不再吃大便了。

狗狗一旦记住厕所的位置，以后都会跑去那里上厕所。尽管在教狗狗记住厕所位置的过程中可能出现多次失败，但只要坚持正确引导，总有一天狗狗会记住笼子以外的厕所的位置。

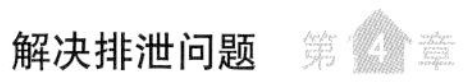

发出让狗狗条件反射性排泄的声音

4-4 场景——躲在隐蔽处大便

名　字 ● **小桃（♀）**

狗品种 ● **博美犬**

年　龄 ● **7个月**

在管教狗狗上厕所的时候绝不可以做的行为便是“训斥”，因为这会让胆小的狗狗觉得“排泄＝有不好的事情发生”，每当主人不在家，就会跑去隐蔽的地方偷偷大小便。

小桃生来胆小，出生后第4个月便来到了主人家里。但凡小桃出现不在厕所里排泄的情况，主人就会指着撒过尿的地方对它吹胡子瞪眼，有时甚至还会在它正在排泄的时候训斥，或者拍打它的屁股。于是，小桃就会趁主人不注意，躲到桌子底下或衣柜后面偷偷地撒尿。一旦被主人发现，主人就会一边抓起小桃让它闻自己撒过尿的地方，一边大声呵斥：“是不是你干的？这里不可以撒尿！”之后再抱着它去厕所说：“这儿才是你的厕所，以后必须在这里上厕所，听到没？”明明这些管教毫无意义，但还是有很多主人经常这样做。

在这个时候，小桃会露出仿佛在反省的表情。尽管知道自己被骂了，但遗憾的是，它并不知道自己为何被骂，也就是说，小桃根本不知道自己是因为没有在规定的厕所里大小便而被骂的。所以，在这种情况下，就算被训斥，狗狗依然记不住厕所的位置。

要让狗狗记住厕所的位置，我们不应该训斥或者体罚狗狗，而应

如何让狗狗在厕所大小便

“不想被骂的话，就去厕所撒尿”，让狗狗有这样的脑回路是件非常困难的事。所以，重要的是要让狗狗产生这样的想法：“去厕所撒尿就会有好事情发生”

教会它正确的行为，让狗狗自己体会“想撒尿→去厕所排泄→有好事情发生（被表扬）”。

●只要在厕所里排泄就有好事情发生

当小桃不在厕所排泄的时候，主人不要训斥或者打它，而应做好排泄记录，并正确把握小桃排泄的时间规律。当小桃离开主人准备去“排泄房间”的时候，主人用愉快的声音叫小桃，让它去厕所排泄，并使劲夸赞，这样，小桃自然就会很快记住厕所的位置了。

当狗狗做出不当行为之后，即便是主人训斥或者体罚，它也不会从中学会正确的行为，反而会为了逃避体罚出现其他问题行为。小桃的“躲到隐蔽处排泄”行为，对狗狗来说是一种适应环境的方法，但对主人来说却是一种更为严重的行为问题。

4-5 场景——从笼子里出来就撒尿

名　字 ● **乔克（♂）**

狗品种 ● **腊肠犬**

年　龄 ● **8个月**

在笼子里的时候不撒尿，一跑到外面就开始撒尿，这是为什么呢？乔克平常都是关在客厅的笼子里的，主人在客厅的时候，就会把它放出来。但是每次和主人玩耍时，乔克就会撒尿。为了不让它在家里到处撒尿，主人最近几乎不放它出来。而现在，乔克只要一跑出笼子，就开始撒尿。

将狗狗一直关在笼子里引发了恶循环

请你试着想想乔克的心情吧。平常都关在客厅的笼子里，一旦从笼子里放出来，就可以在客厅里转来转去，还可以和主人一起玩玩具，别提有多高兴呢。于是，这个时候，狗狗就兴奋地撒起了尿。这是因为狗狗待在笼子里的时间过长，一跑出笼子就表现得过度兴奋。那么，这种情况该怎么办才好呢？

●不要把待在笼子外面的时间特殊化

在这个案例中，我们最好延长狗狗待在笼子外面的时间，让狗狗认识到“待在笼子外面＝理所当然的事”。只有当主人不在家的时候，才把狗狗关在笼子里，其他时间都让狗狗在笼子外面度过。这样一来，狗狗也不会“一跑出笼子就开始撒尿了”。

并且，主人应该准确把握狗狗的排泄时间，在睡醒以及吃完饭之后这些容易排泄的时间带狗狗去上厕所，排泄完就让它尽情地玩耍。因为知道排泄完之后就能尽情地玩耍，狗狗就会主动去排泄，之后便自己叼着玩具跑来跑去，还会跑到主人边上来玩。待在笼子外面的时间延长之后，狗狗会比以前更加冷静，也能牢牢记住厕所的位置，再也不会因过度兴奋而撒尿了。

狗狗原本就具备较强的社会适应能力，最喜欢和人类相处，因此不适合一辈子关在笼子里。请不要忘记，如果只让狗狗生活在与家人隔离的笼子里，它的精神压力就会慢慢堆积，还会一个劲地狂叫着想出来，一旦把它从笼子里放出来就会兴奋过度。

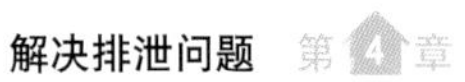

经常关在笼子里的狗狗容易产生的行为问题

狂叫、食粪、破坏厕所托盘、破坏家具等都是典型的例子

一直待在笼子外面的狗狗

平常待在笼子外面的时间越多，狗狗就越容易在客厅里冷静下来。那是因为它会认为“待在笼子外面＝理所当然的事”

狗狗的社会适应能力很强，本来就不属于饲养在笼子里的动物类型。不要把笼子变成禁锢狗狗的牢笼

4-6 场景——以前能好好撒尿而现在却不行了

名　字 ● **小太郎（♂）**

狗品种 ● **迷你腊肠犬**

年　龄 ● **5个月**

狗狗以前会自己去主人给它规定的厕所里排泄，但最近变得不会在托盘上撒尿了——出生4个月的小狗崽乃至成年狗狗会经常出现这样的行为问题。小太郎是在出生2个半月之后才来到主人家里的，来到新家之后，小太郎很快便记住了厕所的位置，因此，主人对它非常满意。但到了第5个月的时候，小太郎上厕所的姿势发生了变化：前脚踩在托盘上，后腿却站在外面。主人认为狗狗依然是在托盘里撒尿，也就什么话都没说，至今都是自己默默地把狗狗的尿液打扫干净。

● 当狗狗本能觉醒的时候

从狗狗出生后的第18周开始，身体会发生巨大的变化。由于受到性激素的影响，狗狗与主人以及其他狗狗的相处方式也会有所改变，不再像以前那样活泼天真，而是稍微变得乖巧冷静一些了。

狗狗出生后的第4～8个月被称为“本能觉醒”时期。以前只要主人叫唤一声，狗狗就会立刻跑过去，而在这期间，即便是听到主人的叫唤，它也经常会要么站在那儿一动不动直勾勾地盯着你，要么往反方向逃跑。由于这段时期与人类14～16岁的青春期相似，所以又被称为“狗狗的逆反期”。

而这种现象，有些狗狗只持续几天，有些狗狗则会持续1个月，甚至是好几个月。性激素不仅改变了狗狗的身体，同时也改变了它的精神面貌。不过，如果是野外生活的狗狗，在这个时期，它会独自去探索属于自己的领地。

● 如果不好好管教，一些小错误仍然无法纠正

再让我们回到小太郎这个案例吧。小太郎把后腿放在厕所的托盘外面直接排泄，很有可能是情绪受到性激素的影响而发生了改变。如果允许它这样上厕所的话，狗狗就会习以为常，误认为“这样排泄也是可以的”，那么之后就会一直这样上厕所。

或者，当小太郎好几次不在厕所位置排泄之后，主人可能会变得焦虑不安，认为“只要夸奖狗狗，它就会把脚伸进去”，因此，每当狗狗把前脚伸进厕所，就开始夸奖道:“对对，就是这样！很棒！”但是，狗狗在这种状态下受到表扬之后，会误认为“啊，这样子就可以了”，并反复做出这样的错误行为。

很多情况下，主人不得不因这个小小的排泄失误而再次给狗狗进行如厕训练。

● 回到原点，进行如厕训练

那么，如何纠正狗狗的这个错误行为呢？解决办法是，主人需要不慌不忙，不训斥，冷静下来，从头开始对狗狗进行一次如厕训练。如果主人不耐烦或者训斥狗狗的话，敏感的狗狗就会认为“排泄＝不好的事情”，立刻躲起来大小便。此外，还有些狗狗会为了吸引主人的关注、获得主人的夸赞而重复错误的排泄方式。

正确使用厕所托盘的例子

如果狗狗整个身子进入托盘中排泄，那是没有任何问题的。身子在托盘里，但排泄在外面自然是不可以的。若狗狗前腿在里面、后腿在外面排泄，主人又表扬它的话，会让狗狗误认为“这样上厕所也是正确的”，这点必须加以注意

如果不使用厕所专用笼子的话，推荐用纸板箱做一个简易的厕所专用笼子。让狗狗一进入里面就无法轻松地转身

小太郎从小就在厕所专用笼子的托盘上排泄，随着年龄的增长，它的体格比小时候大了不少，所以托盘就显得小了好多。特别要注意的是像腊肠犬这种体型偏长的狗狗更容易发生这样的事。

此外，不要将厕所摆放在笼子的门口，而应放在离门口较远的地方，免得狗狗只把前脚踏进去后就开始排泄。

如果主人确认狗狗正确排泄之后使劲表扬它的话，那么狗狗会注意到下次要进入笼子里面，四只脚都踩在厕所的垫子上后再排泄。当然，主人也不能过于着急，需要确认狗狗四只脚完全在里面之后再进行表扬。

不过，这个时期的狗狗对主人的行为是非常敏感的，如果主人一直盯着看狗狗上厕所的话，狗狗反而会变得紧张起来，所以请不要一直盯着它看。

4-7 场景——狗狗最近开始抬腿撒尿了

名　字 ● **劳尔（♂）**

狗品种 ● **吉娃娃**

年　龄 ● **9个月**

公狗狗以前明明是蹲着撒尿的，而如今在家里的厕所也变成抬腿撒尿了。由于狗狗把尿液溅得到处都是，所以每次狗狗撒完尿，主人

主人错误的处理方式

都不得不及时打扫干净。听说给狗狗做完绝育手术，狗狗就会蹲着上厕所了，这是真的吗？另外，听说狗狗在撒尿的时候，用牵引绳拉着会相对好一点，这样真的有效果么？

●让狗狗蹲下来撒尿并不算是“管教”

吉娃娃劳尔就是这样，以前明明是蹲着撒尿的，6个月时开始在厕所的托盘上抬腿撒尿，每次溅得到处都是尿液，主人不得不及时打扫干净。就在那个时候，主人从好友那里听说“狗狗准备抬腿撒尿的时候，大声呵斥它”“散步的时候，用牵引绳去拉住它”，这样就能阻止狗狗抬腿撒尿的行为了。

主人尝试着这样做了之后，狗狗的确不再抬腿撒尿了，但最近撒尿的时候，情绪变得很不稳定，还时不时地窥探主人的表情。看到狗狗变成这个样子，主人很担心，便跑过来咨询。

●不能阻止狗狗成长

公狗狗出生后的第6～12月被称为性成熟时期，从这个时候起，它会开始抬腿撒尿。比起大型犬，也有些早熟的小型犬在第5个月的时候就开始出现这个现象。这是雄性激素“睾丸素”含量的变化引起的，不受狗狗自身的控制。而主人大声训斥或者用牵引绳等阻止狗狗抬腿撒尿的行为都不是真正的“管教”。

我们人类也一样，男孩子到了青春期的时候，会受到睾丸素的影响而出现变声的现象。如果这个时候妈妈说：“声音怎么变低沉了，像小时候那样用可爱的声音说话”未免强人所难了吧。再加上孩子正处于青春逆反期，弄不好就回你一句“烦死了”。狗狗也是一样，但狗狗不会用人类语言来反驳你。

当劳尔准备撒尿的时候，主人大声呵斥或者用牵引绳拉住它，会使它意识到“撒尿就有不好的事情”，所以情绪会渐渐变得很不安，每次想上厕所都会试探性地窥探主人“可以尿尿吗”，如果主人依然大声呵斥或者用绳子拉住它的话，狗狗很有可能会逃到主人看不见的隐蔽处大小便。

●不可以打扰狗狗撒尿

在这个案例中，主人可以假装不知道劳尔抬腿撒尿这个情况，然后在屋内将厕所改成L形（参照下一页的图片），防止狗狗的尿液飞溅出来。或者不做成L形的厕所，用厕所垫将塑料瓶裹起来，或直接把硬纸板卷起来竖立在厕所中间。

对于没有做过绝育手术的公狗狗来说，抬腿撒尿是很正常的行为。有不少主人会想尽办法控制狗狗的这个行为，但是由于性激素的作用，狗狗的身体根本不受控制。所以，主人需要理解狗狗是受到了性激素的影响才出现这种行为的。

主人并没有打算让劳尔繁衍下一代，于是带它做了绝育手术。但并不是说做了绝育手术之后，狗狗就一定能蹲下来大小便。

顺便提一下，并不是所有的母狗狗都是蹲着撒尿的。Anisko对狗狗撒尿的调查结果显示，只有68%的母狗狗是蹲着撒尿的。此外，做完绝育手术后，狗狗在室内撒尿做标记的情况会有所减少，但在室外依然没有改变。

考虑到狗狗的身体和习性，这些在人类看来很麻烦的行为属于狗狗的正常行为。所以，我们不要强行控制狗狗，而要试着去理解狗狗的生理因素和情绪。

应对狗狗抬腿撒尿的方法

并不是刻意阻止狗狗，而是良好地应对

用厕所垫裹起来的塑料瓶

为了不让塑料瓶倒下，
最好在里面灌满水

4-8 场景——一旦兴奋起来就撒尿

名　字 ● **阿虚（♀）**

狗品种 ● **玩具贵宾犬**

年　龄 ● **8个月**

独自在家的狗狗一看到主人回来就会激动地撒尿，家里来了客人也会特别兴奋，闹腾得跑来跑起，还凑上去撒尿。那么，如何才能让狗狗不再“兴奋撒尿”呢？

当阿虚独自留守在家的时候，只要主人一回来，或者家里来了客人，它就会特别兴奋地跳来跳去，之后便情不自禁地撒起了尿。不管主人怎么大声呵斥它“啊！不可以在这里尿尿”，或者试图让阿虚冷静下来，都无济于事，家门口的玄关处总会有一滩尿液。

容易兴奋的狗狗，特别是小狗崽很容易出现“兴奋撒尿”的现象。而主人一般的解决办法就是“刚回到家时暂时无视狗狗，等狗狗自己冷静下来之后再去理它”。

但站在狗狗的立场考虑的话，一整天都独自在家，终于见到了主人，被无视的话未免也太可怜了吧。就算好不容易冷静了下来，一旦进入兴奋的状态，还是会很快撒起尿来。

让狗狗产生兴奋的反应

如果主人发出很大的声音，狗狗也会跟着很兴奋。为了不让狗狗兴奋，尽量不要搞出大动静来

●让狗狗学会只要坐下来就能被抚摸

这个案例的关键点是，当狗狗兴奋的时候，主人不应该采取“无视”的方法来让狗狗冷静，而应使用其他方法。

而这个方法就是让狗狗“坐下来”。

首先，除了在吃饭和吃零食的时候让狗狗坐下来之外，平常也要让它养成坐下的习惯。特别是当狗狗开始兴奋的时候，训练它坐下来，比如当准备出去散步前希望你为它开门的时候、在玩耍中希望你扔球给它的时候等。

就这样，让狗狗在日常生活中养成良好习惯。回到家的时候，当狗狗乖乖地坐下来，主人就抚摸它，而抚摸就成了这个时候对狗狗的最大奖励。

相反，当狗狗跳来跳去或者迎面跳向你的时候，主人最好把手放下来。只有这样，狗狗才会立刻明白“必须只有坐下来才能获得抚摸”，那么自然会乖乖地坐下来。

不过主人也必须注意，如果快速地挥手，或者大声呼唤着狗狗的名字“怎么就撒尿啦”，会让处于兴奋状态的狗狗更加亢奋。要等到狗狗乖乖坐下来之后，主人再慢慢地抚摸，并沉着、冷静、轻声地对狗狗说话。当然，也需要让来家里的客人稍微注意一下自己的行为。

让狗狗学会在兴奋的时候坐下来，能够有效防止狗狗出现兴奋撒尿的行为，同时还可以防止狗狗过度兴奋地跳来跳去。

现在的阿虚变得很乖，主人一回来，它就会自己坐下来等待主人的抚摸，即便家里来了客人，也很老实地坐在一边，所以经常被客人夸赞“好聪明呀”，当然主人也感到很自豪。

主人正确的处理方式

回到家，等迎面而来的狗狗安静地坐下来之后，主人再一边慢慢抚摸狗狗，一边冷静地跟狗狗说话

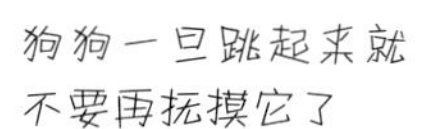
狗狗一旦跳起来就不要再抚摸它了

等狗狗能乖乖地坐下来之后再温柔地抚摸它

4-9 场景——在房间里乱撒尿

名　字 ● **大吉（♂）**

狗品种 ● **波士顿㹴犬**

年　龄 ● **2岁8个月**

据说狗狗“做标记的行为”是为了表明“留下标记的地方是自己的领地”，但迄今为止，尚未查明其真正的原因。不过话又说回来，生物会为了生存而抢夺食物，或者会为了繁衍下一代而抢夺繁殖对象，而“领地”原本就是为了同类之间不受到致命伤害所设立的一个区域。领地的界线就是一种警告，告知别人“这里是界线，一旦逾越那就要战斗了啊”。

从进化学的角度来看，地球上之所以存在各种各样的生物，是因为有领地意识。不同的生物散落在各个地方，避免了无谓的战斗，进而提高了生存率，其他新的物种才会慢慢地出现。

但是，对于狗狗而言，撒尿做标记真的是为了表达领地意识吗？狗狗有时候并不会避开其他狗狗做过的标记，而是会在上面继续做自己的标记，散步时的电线杆子就是一个很好的例子。除了经常走的散步路线，狗狗还会在领地之外的陌生地方做标记。这样并不能有效地表达领地意识，同时也无法避开其他狗狗做过的标记。

对于和我们人类生活在一起的狗狗来说，撒尿做标记与其说是作为“领地的界线”，倒不如说是为了在心理上“获得安心和自信”。狗

为什么存在领地

野生狼在追逐猎物的时候也会注意不要逾越他人的领地界线。一旦逾越了界线，就有可能与其他狼拼命地争夺猎物，还有可能因此丧命

狗通过探索自己身边的地方，来回走动并留下标记，让自己更熟悉这个环境，更加放下心来。这个行为从小狗崽身上就能观察出来，小狗崽一开始只会在自己熟悉的地方上厕所，而之后就转去父母排泄过的地方。

●环境的变化也会引起排泄问题

大吉大概是在3个月前开始在家里的各个地方撒尿的。尽管有时也会去专用厕所里排泄，但家里的沙发、柱子等各个地方都有它撒尿的痕迹。即便主人在家，狗狗也会在众目睽睽下抬腿撒尿。于是，主人带它去宠物医院做了检查，但并没有什么问题。

这种情况难道是大吉想在家里表达自己的领地意识吗？大吉平常是一只非常乖巧的狗狗，很听主人的话，之前也能自己去专用厕所好好排泄，突然就变成了这样。

这个时候，请你好好想一想最近狗狗的身边或者周围的环境有没有发生什么变化？比如搬家、暂时性和主人分离、迎来新的家庭成员或者狗狗等。

在大吉出现排泄问题的一周前，主人把它寄养到了宠物酒店。很有可能是因为主人不在身边，狗狗在宠物酒店里感到非常不安。从那以后，大吉的情绪一直都不怎么稳定。

我们经常看到狗狗因为环境变化或者感受到压力而出现情绪波动，反复出现排泄问题。

●改善狗狗的情绪

在这个案例中，我们并不需要重新对狗狗进行如厕训练，最好的解决办法是满足狗狗的情绪需求。通过使用“D.A.P.信息素项圈”（参照3−5），确保在房间中有一个能让狗狗冷静下来的地方，并在那里放上它的窝。

大吉喜欢玩“拉力游戏”，这个时候，如果主人添加“坐下”“放开”等内容（做出指令），不仅可以增强与狗狗之间的关系，还能让游戏充满节奏感，变得更加有趣。同时，在散步的时候也加入这些内容。

狗狗撒尿做标记是什么意思

对狗狗来说，撒尿做标记与其说是“领地界线”的意思，倒不如说为了在心理上获得安心和自信

这样一来，不出2周，大吉就不会在家里做标记了，也能自己好好地去厕所排泄了。

狗狗“突然间乱撒尿”，大多数是由于身边环境发生了变化，或者平常的生活没有什么刺激，导致狗狗的情绪需求没有得到满足。在这种情况下，请不妨试着改善一下狗狗的情绪，而不是重新对狗狗进行如厕训练。如果去宠物医院没有检查出什么问题的话，我推荐去行为咨询专家那儿进行咨询。

很多主人认为“乱撒尿是为了做标记”，为此带狗狗做了绝育手术。的确有研究数据表明，狗狗做了绝育手术之后，“在室内做标记的行为减少了50%”。但是，对于大吉这样已经做过绝育手术的狗狗，我认为关键还是在于正确把握狗狗的情绪。

照片中的物件就是D.A.P.信息素项圈

4-10 场景——小狗崽在吃大便

名　字 杰克（♂）

狗品种 杰克罗素㹴犬

年　龄 5个月

主人听到“吧唧吧唧”的声音，一回头发现爱犬在吃大便——从主人的角度来看，这或许是个非常异常的行为。有些主人看到这般景象，慌忙带狗狗去咨询行为专家。其实，“食粪”行为对小狗崽来说是很正常的。尤其是出生后第4~9个月，大多数小狗崽都会出现食粪现象，但随着年龄的增长，这种现象会逐渐消失。

狗妈妈通常会通过舔小狗崽的肛门及性器官周围的部位来刺激小狗崽排泄，等小狗崽排泄完后，为了保持睡窝的清洁，狗妈妈会把排泄物吃干净，而小狗崽食粪的其中一个原因就是模仿妈妈的这个行为。此外，由于小狗崽好奇心很强，面对眼前的稀奇东西，很想去尝一尝到底是什么味道，这跟我们人类小孩好奇心强是同一个道理。看到这样的现象，可能我们会感到不舒服，但对于狗狗来说，这或许是一件非常有趣的事情。

有时候，狗狗排泄出来的大便依然会残留动物的骨头或腐烂的东西，甚至有时蛋白质都还没有被完全消化，狗狗闻到这种味道会感觉很香，便一口吃了下去。

大便是很重要的东西

杰克吃过一次大便之后，就经常会吃大便。主人，包括还在读小学的孩子，为了防止它去吃，只要看到杰克拉完大便或者发现杰克准备去吃大便的时候，就会急急忙忙抓住它，但每次都让它逃掉了。杰克每次吃完大便后会立刻跑到孩子们身边玩耍，而孩子们闻到大便的臭味后会纷纷逃跑，远离杰克。

那么，为什么杰克会去吃大便呢？一般情况下，狗狗会通过闻大便的味道来检查自己的身体，而对于出生才5个月的杰克来说，可能纯粹是出于好奇才去吃的吧。孩子们看到杰克吃大便就会吵吵嚷嚷地说道："杰克在吃大便！"在一旁的妈妈听到孩子们的吵闹声，会一边强行掰开杰克的嘴巴，一边说道："快吐出来！"试图让杰克把大便吐出来。这样一来，整个家都乱成一团。

主人们这般闹哄哄的样子让杰克认为自己嘴里的大便是个"珍宝"，会一边拼命地反抗"不行！这是我的东西"，一边慌忙把大便吞下去。同时，狗狗吃完大便后，又会跑到孩子们旁边，而孩子们又会吵吵闹闹地逃离杰克。看到这幅景象，杰克又会误以为大家是在跟他玩耍，所以就会越发兴奋。从"大便抢夺战"发展到"追赶游戏"，使得杰克经常重复做出吃大便的行为。

在小狗崽中，也有些狗狗会含着大便，跟在慌乱的主人后面，享受着追赶游戏。对于平常生活很无聊的小狗狗来说，"吃大便"或"通过吃大便来吸引主人的关注"很容易被它们误认为是奖励。

如果狗狗是为了吸引主人的注意而吃大便，我们可以不给狗狗食粪的机会，万一狗狗吃了大便，也可以不做出任何反应（无视他），但是最关键的还是要从根本上解决问题。

为什么小狗崽会去吃大便

无聊的时候、对味道的好奇心、肚子饿了的时候等

嘴上沾了大便的狗狗在房间里跑来跑去，会让孩子们因恐慌而逃跑（对狗狗来说是玩耍）

●通过狗狗最喜欢的玩具来吸引它的注意

让我们来回想一下这个案例。对于贪玩、好奇心又强的杰克罗素㹴犬来说，杰克的日常生活缺乏刺激，无法满足它的情绪需求。因此，我们应该制定一些能满足杰克的情绪需求、提高其激情的具体方案。

首先，我们应该延长狗狗散步和玩耍的时间，当狗狗和孩子们一起玩耍的时候，可以教狗狗坐下来、趴下来或者其他一些小技能。杰克非常喜欢学习新的事物，所以在一天里给它更多的刺激，它的情绪需求自然就会得到满足。

等狗狗的情绪需求得到满足之后，我们再回到正题上来。之前提到过解决“食粪”这个行为问题的一种方法是“不做任何反应”（无视狗狗），而在这个案例中，因为家里有孩子，所以我们可以采取更加有效的“更好的奖励大作战”。因为让孩子们“无视狗狗”是一件非常困难的事情，所以我们可以为杰克准备一个它非常喜欢的玩具——一个

不可以强行控制

如果主人强行让狗狗吐出大便，会让狗狗误以为“这个肯定是很重要的东西”，导致状况更加恶化。发现狗狗正在吃大便时，最好的办法是无视狗狗

鸡蛋形状的玩具，会发出“砰砰”的声音，平时都由主人保管，等到狗狗听话之后再拿出来陪它玩。

我们小的时候，有没有被爸妈限制过玩电脑游戏的时间？当玩游戏的时间被限制之后，会觉得那一段时间特别宝贵。狗狗也是一样的，要让它认识到这个玩具是由主人保管且只有在特定的时间才能玩耍，那么它就会将这个玩具视若珍宝。

从那之后，只要听到玩具“砰砰”的声音，杰克就立刻飞奔到主人身边。因此，每当杰克拉完大便，正准备去吃时，主人就会摇起那个玩具，发出“砰砰”的声音吸引杰克，等它过来之后，就陪它一起玩。从那以后，杰克再也不会通过吃大便来吸引主人的注意了。

4-11 场景——明明已经是成年狗狗了，却还在吃大便

名　字 ● **莱特（♂）**

狗品种 ● **法国斗牛犬**

年　龄 ● **3岁**

明明不是小狗崽了却还在吃大便；明明以前不吃的，最近怎么就开始吃起大便来了……如果你家狗狗出现这样的情况，请先带它去宠物医院做个检查吧，有时候吃大便是由疾病或者营养缺乏引起的。最近，手工制作的食物非常流行，但光靠主人自己是很难为狗狗做出营养均衡的食物的。由于维生素K和B族维生素摄入不足，有些狗狗会通过吃大便来获取必需的营养成分。

因为莱特会反复吃大便，所以主人也带它去宠物医院做了检查，结果没有任何异常。同时，主人还尝试改变食物，并在发现狗狗吃大便时采取无视或者训斥的办法，但都无济于事。

有研究表明，在笼子里或者地下室等被隔离的环境下成长的狗狗更容易出现食粪问题，但莱特不是，它可以在家里自由走动，主人也都是在家工作的，所以也基本没有“狗狗独自留守在家”的情况，那莱特又为何会出现吃大便的现象呢？

的确，莱特可以一整天都和主人待在一起，但是，也只是待在一起。尽管晚上会出去散步1小时，但只靠散步根本无法满足莱特的情绪需求。散步回来吃过饭之后，也没有任何有趣的活动了。由于每天的生活太无聊，很多狗狗会出现吃大便的现象。而这种情况有时候也与狗狗自身没有精神、充满压力有关。

●减少散步的时间，增加散步的次数

在这个案例中，我们可以考虑增加一些能满足莱特情绪需求的项目。对于贪玩的莱特来说，主人可以每天陪它玩15分钟的球，然后早晚都带它出去散步。一天之内不要只是到晚上才带它出去散步，而应将散步的时间拆分为两次，早上30分钟，晚上30分钟，这样一来，散步合计时间并未改变，但狗狗的情绪需求却得到了满足。同时，由于莱特非常喜欢咬东西，可以再给它准备一些牛皮咬胶。

就这样，差不多坚持两周的时间，莱特就变得生龙活虎了，也不再吃大便了，主人的心情也愉悦了不少。

虽然目前尚不能完全解释狗狗食粪的具体原因，但我们知道，这与营养不均衡、生活环境带来的压力、吸引主人的注意力等因素有一定的关联。应对成年狗狗吃大便的情况，比起像对付小狗崽那样不让它接近大便，我们更应该通过满足狗狗的情绪需求来解决问题。

诊断莱特的情绪

一整天几乎没有什么刺激，所以莱特的情绪也不怎么高涨

没有刺激的一整天

（压力）

早上散步

和主人玩耍

咬胶

晚上散步

一天之中增加了很多快乐的活动，狗狗的情绪需求得到了满足，也就不再吃大便了

刺激满满！

（压力↓）

4-12 场景——独自留守在家时就会撒尿，这是在泄愤吗

名　字 蕾蒂（♀）

狗品种 拉布拉多寻回犬

年　龄 4岁3个月

当主人留狗狗独自在家的时候，一回到家就会看到家里到处都是尿和大便。“让我独自留守在家，我就要用大小便来泄愤！”真的是这样吗？

尽管主人在家里给蕾蒂准备了专用的厕所，但它还是每天会有两次排泄在院子里或者房间里。主人不在家的时候，它会在主人的床上或者地毯上撒尿；而当主人在家时，就会跑去厕所好好排泄。于是，主人不管去哪里都会开车带着蕾蒂一起，并无奈地说：“如果不带去的话，狗狗就会很生气，还会以撒尿来泄愤。”

每当狗狗出现排泄问题，主人就会训斥。于是，狗狗为了避免被训斥，就会选择主人看不到的地方或者主人不在的时候来排泄。狗狗平常能够正常排泄，每当独自留守在家时就会到处排泄的这种情况，很有可能是因为狗狗出现了“离别焦虑障碍”。

当主人因工作或者有事而不在家的时候，大部分狗狗能够应对，但其中也有一部分狗狗会出现极度焦虑、恐惧不安的情绪。当这些狗狗独自留守在家的时候，就会出现排泄不当、故意破坏（咬坏家具或主人的随身物品，叼走毛毯）、对着门狂叫等看似泄愤的行为。其实，这是我们的误解。

●离别焦虑障碍

狗狗离开主人所产生的不安感，用心理学的术语来说就是“离别焦虑”。“不安”不仅仅是一种情绪，根据狗狗不同的性格和经历，离开主人时狗狗的恐惧、紧张、不安、痛苦、沮丧、无聊程度也各不相同。这些情绪交织在一起就会影响狗狗的行为，我们将狗狗的这种离别焦虑称为“离别焦虑障碍”。

需要强调的一点是，离别焦虑障碍并不是疾病，而是当主人不在家的时候，狗狗能否自主控制情绪。

不过，当主人不在家的时候，也有些狗狗会无聊地翻垃圾桶，或者爬上桌子找好吃的东西，这些现象并不属于离别焦虑障碍。为了能更好地区分离别焦虑障碍和无聊行为，我们最好在家里装个摄像头来观察狗狗具体的行为。

●为什么会因为离别焦虑障碍而出现排泄问题

当主人不在家时，我们应该理解是狗狗出现了离别焦虑障碍，并不是因为泄愤或者生气才在房间里到处排泄的。比起生气，狗狗更多的是不安。主人不在家，只有自己留守在家，狗狗会因紧张不安而无法很好地控制大肠和膀胱，所以就直接拉出来了。

这种排泄问题，大多数出现在主人离开家后的30～60分钟。这个时候，狗狗“想排泄”的生理欲望非常强。为什么这么说呢？因为狗狗在极度紧张的状态下排泄后的畅快感是对它独自在家的最大奖励。因此，“主人不在家时就排泄”这个行为会不断地强化和重复。紧张的时候，狗狗会在地毯上、沙发上，或者主人漂亮的衣服上，甚至床上

狗狗不在厕所排泄，就算训斥也没什么效果

狗狗并非是为了泄愤而在不恰当的地方排泄

由于不同程度的紧张或不安导致无法自己控制排泄。这个时候，我们并不需要重新对狗狗进行如厕训练，关键是帮助狗狗解决离别焦虑障碍

等任何地方随意排泄，所以当主人回到家之后看到这般情形，就会误以为这是“狗狗故意而为”。

当主人看到狗狗随意排泄后，会直接训斥狗狗，而这个时候，狗狗应该会露出无辜的表情吧。无论主人怎么训斥或者管教，都无法改变狗狗离别焦虑障碍引起的排泄问题。

很多主人会以“过分宠爱”为由开始无视狗狗，或者延长狗狗独自留守在家的时间来解决排泄问题。但是，对于狗狗而言，突然间被无视，会使其黏着主人来吸引主人的更多关注。

“板条箱训练”是管教狗狗的一个基本方法，也就是从小训练狗狗在“板条箱”（可以搬运的由塑料或布料制作而成的箱子）或者“笼子”里独自冷静下来。

狗狗为了躲避敌人而保护自己，喜欢藏身于黑暗狭小的洞穴里，而板条箱训练就很好地利用了狗狗这个生理特征。但是，在开始对那些无法独自留守在家的狗狗进行板条箱训练时，有些狗狗会因强制被关在箱子里而恐惧不安。因此，想要解决狗狗的离别焦虑障碍问题，我们需要重新审视主人和狗狗之间的关系，并让狗狗能够在日常生活中自主控制自己的情绪。

●重新审视主人与狗狗之间的关系

在这个案例中，首先，应让蕾蒂每天无聊的生活变得丰富起来。比如让它充分运动，陪它一起玩耍，通过增加生活的刺激来满足狗狗的情绪需求。

其次，重新审视狗狗与主人之间的关系。主人每次看蕾蒂用无辜的眼神不安地看着自己时，会尽最大可能迁就它，满足它所有的要求。所以，主人需要从日常生活中重新获取主导权，由主人来引导狗狗玩要，通过游戏，训练狗狗坐下来或者趴下来等动作。同时，有意识地稍微延长狗狗独自留守在家的时间。

这样坚持了大约4个月，主人与狗狗的不稳定关系渐渐有所改善，每当独自留守在家的时候，蕾蒂也不再随意排泄了。

所以，解决狗狗的离别焦虑障碍问题，不只需要改变留守时狗狗的行为，还有必要重新审视狗狗与主人的关系以及狗狗的情绪状况。

专栏 4

狗狗也有幼儿园——这是真的吗

你听说过“小狗崽幼儿园”吗？在小狗崽幼儿园，当独居的主人由于工作繁忙而不在家的时候，可以将狗狗寄养在那里，此外，狗狗还可以在那里接受“培训”。

在英国，几乎没有像这样寄养式的“小狗崽幼儿园”。但在有些地方，宠物医院、宠物店，以及开设狗狗训练课“幼犬训练班”等培养小狗崽基础礼仪或社会能力的场所越来越多，几乎所有被带到主人那里的小狗崽都上过幼犬训练班。在幼犬训练班，小狗崽不仅学会了“过来”“坐下”“趴下”等基础行为，还能与各种各样的人和狗狗接触，进而培养社会适应能力。

人类的小孩也是在幼儿园里通过学折纸、唱歌而获得知识的，更重要的是，小朋友们在与同龄人的接触中提高了社会交往能力。

对于狗狗，虽然等到成年之后也可以进行管教，但是在年龄小时对其进行管教会更容易一些。

第5章

试图与狗狗顺利沟通

5-1 场景——没有小零食吃，就会不听话

名　字 ● 朱庇特（♀）

狗品种 ● 达尔马提犬

年　龄 ● 1岁

经常有这样的案例：每当我问狗狗主人“你家狗狗会自己坐下来吗”“会自己趴下来吗”的时候，几乎所有主人都回答“会的”，而紧接着，当我说“那么，请你示范一遍看看”，主人就会说“我去拿点小零食吧”。当主人反复对狗狗说“坐下，坐下！快坐下”的时候，狗狗总是不情愿地坐下来，而主人告诉我“如果有小零食的话，狗狗就能做得很好”……

只要主人给零食，朱庇特就会立刻很开心地坐下或者趴下；但是如果没有零食的话，不管主人怎么拼命叫唤，让它坐下来，它总是瞥主人一眼，之后才肯勉强坐下。

于是，主人经常非常苦恼地自言自语道：“书上说用小零食来引导狗狗坐下来的方式比较好，但我看是不是不用才更好呢……”

像朱庇特这样，没有零食就不听话的狗狗有很多。那么，该怎么做才好呢?

●不要搞错给狗狗零食的时机

在1–6中，我们已经解释了狗狗学习的方法，也就是“刺激→反应→结果”。让狗狗坐下来一般需要以下三个步骤：

1 主人说出“坐下来”这句话（刺激）

2 狗狗坐下来（行为）

3 给狗狗零食（结果）

听到“坐下来”这句作为刺激的话之后，狗狗做出“坐下来”这个行为的结果是有好事发生——获得了零食。那么，频繁重复这样的

怎样使用小零食

正确的流程

“说‘坐下来’这句话”→“狗狗坐下来”→“有好事情发生（给一些小零食吃）”

错误的流程

“看到小零食”→“坐下来”→“有好事情发生（给一些小零食吃）”

让狗狗坐下来的时候，不能让它先看到小零食

操作，狗狗就会慢慢理解“坐下来”这句话的意思了。也就是说，“坐下来”这个行为被强化了。

接下来，让我们来看看那些主人说“不给小零食就不坐下来”的情况吧。这种情况大多数是这样的：主人一边说着“坐下来”，一边给狗狗看小零食。所以，这个时候，刺激并不是“坐下来”这句话，而是“零食”这个东西，也就成了以下步骤：

1. **狗狗看到零食（刺激）**
2. **狗狗坐下来（行为）**
3. **给狗狗零食（结果）**

因此，就会出现不给零食狗狗就不坐下来或者不听话的现象。

不过，经常也有主人说“不想使用小零食这个方法了”。那是因为他们觉得“不给零食狗狗就不听话”，或者“不想用零食来欺骗或者勾引狗狗”。

其实，零食并不是用来欺骗或者勾引狗狗的，它只不过是用来强化狗狗正确行为的一个工具（道具）而已。

在第1章中我们提到，狗狗也是有感情的。它们会因为开心、讨厌等情绪而反复做一些行为或者不做某些行为，而能够控制狗狗情感的其中一个方法便是给狗狗零食。

我们回到朱庇特的案例上来。想让朱庇特坐下或趴下的时候，主人转变了零食这个契机，不再给它看零食了，朱庇特也从最初的不情愿地坐下来，到现在转变为就算没有看到零食也能乖乖听主人的话很快坐下来。这是因为它已经意识到，只有坐下来才能获得零食。这是主人通过不断重复强化狗狗“听到‘坐下来’这句话之后才坐下来”这个行为的结果。

经常出现的错误使用零食的方法

让狗狗看到零食，阻止它狂叫

让狗狗看到零食——使狗狗从桌上跳下来

使用零食的正确方法

等狗狗坐下来之后再给它零食

外出的时候，等狗狗乖乖地趴下来之后再给它零食

一开始训练狗狗坐下来的时候，只要狗狗听到口令（“坐下来”）就坐了下来，就立刻给它零食吃。等到狗狗完全掌握了这个行为之后，我们可以随机给它零食吃。从行为学的角度来看，这是稳定行为最有效的方法。

●关键是随机给予奖励

那么，接下来我来教大家一些强化狗狗正确行为的技巧。例如，使用零食或者奖励来让狗狗做“操作性条件反射”（参照1−4）。

关键是“并非每次都给奖励”。当狗狗坐下来的时候，每次给予奖励的行为，我们称之为“连续强化”，而非每次奖励的行为称为“部分强化”。

在让狗狗做“操作性条件反射”的时候，每次给予奖励的“连续强化”会使狗狗的学习速度变得更快——能够迅速学会“坐下来”这个行为。但是，一旦没有了奖励，狗狗也很容易忘记做这个动作（这里指的是“坐下来”），我们称之为“消退”。也就是说，学习速度和消退速度是一样快的。

而另一方面，对于学习速度相对较慢的“部分强化”，它的优点是稳定行为相对比较容易一些。狗狗一旦记住了“坐下来”这个动作，就会继续做下去。同时，采用无法预测的随机奖励的方式（可变比率），我们可以继续强化狗狗的行为（这里指的是“坐下来”）。

不过，值得注意的是，奖励需要随机性地给予。如果按“每3次坐下给予1次奖励”这种固定的次数（固定比率）来给予狗狗奖励的话，渐渐地，狗狗会将坐下来3次变成只坐下1次。

由此可见，“从最初的每次给予奖励，到之后尽可能随机性地给予奖励”，是让狗狗能够持续开心地坐下来的技巧。

5-2 场景——只要兴奋起来就完全坐不住

名　字 ● **可可（♀）**

狗品种 ● **玩具贵宾犬**

年　龄 ● **2岁2个月**

“坐下来！快坐下来！”当狗狗处在兴奋状态的时候，无论主人怎么大声叫唤，它都不会听话。

可可的主人每次都是在早饭和晚饭之前让可可坐下，所以可可每次在吃饭前都能很开心地坐下。除此之外，平常不管主人怎么叫唤，它都不会乖乖听话。特别是当家里来了客人的时候，它会兴奋地跳来

狗狗无法好好坐下来

如果平常让狗狗养成了坐下来的习惯，就不会发生这样的事情了

跳去，很想让客人抚摸它；出去散步之前，主人给它挂上牵引绳后，不管主人怎么叫唤，它都好像没听到一样。

●“坐下来”是狗狗自我控制的基本行为

“坐下来”的这个行为，不仅是我们人类和狗狗交流的一种方法，对于狗狗自身来说，也具有很重要的作用。当主人希望狗狗冷静下来的时候，或者希望狗狗深呼吸的时候，“坐下来”这个行为可以更容易地让狗狗冷静下来。

如果狗狗意识到只要坐下来，自己的情绪就可以恢复平静，那么当它处于兴奋或者焦虑不安的状态时，为了让自己冷静下来，便会主动坐下来。

在欧洲各国的超市，我们经常能看到安静坐着或者趴着等待主人的狗狗；而在日本，好多狗狗都是站着等待主人回来的。可想而知，在欧洲，狗狗的主人平常就训练狗狗安静坐下来这个行为；而在日本，好多主人都是在给狗狗吃零食或者食物之前才让狗狗坐下来，除此之外，几乎不怎么训练狗狗坐下。如果狗狗没有养成“坐下来”这个习惯的话，当它处于兴奋状态的时候是不可能自己坐下来的。所以，在我们平常的生活中或者在外面的时候，我们都要训练狗狗“坐下来”。

之前有提到过，如果“坐下来就有奖励”（对狗狗来说的好事情）的话，狗狗渐渐地就会开心地坐下来了。

让我们尝试着想想狗狗兴奋时的心情吧。“对客人着迷到完全不听我的话”“很想出去散步，直到坐立难安地挠着门”——当狗狗正处于开心、着迷的状态时，我们最好能够好好利用狗狗当时的情绪来让它乖乖地坐下来。“坐下来之后就能得到客人的抚摸”“坐下来之后，主人就会打开门带着它出去散步”——在这些场合给予狗狗奖励是强化狗狗“坐下来”这个行为的最佳时机。

试图让狗狗能随时随地坐下来

5-3 场景——一旦坐下来就会立刻站起来

名　字 ● **桃子（♀）**

狗品种 ● **西施犬**

年　龄 ● **4岁**

尽管狗狗学会了迅速坐下，但有时候还会立刻站起来。当真的需要狗狗坐下来的时候，你家狗狗能否一直安静地坐着呢？比如，在等待红绿灯的时候，如果狗狗能够安静地坐着，便可以预防狗狗被突然冲出来的车撞倒；又如，当与其他狗狗擦肩而过的时候，如果狗狗也

没有撤销指令的情况

能安静地坐着，可以避免与其他狗狗发生争执。那么，怎样才能防止狗狗坐下来后立刻站起来，并让它一直安静地坐着呢？

桃子在散步的途中或者在人行横道上等红绿灯时想立刻冲过去，所以主人经常会让它先坐下来。但是桃子只能坐5秒钟左右，然后又立刻站起来奔向马路对面。

●教会狗狗“坐下来”的“撤销指令”

好多狗狗都有这样的情况：坐是会坐下来，但无法坚持较长的时间。那是因为大部分主人在教狗狗“坐下来”的时候，没有教它“停止坐着”的信号（即撤销指令）。有些主人会在狗狗吃饭之前给它立“规矩”，即先让狗狗安静地坐着，等待主人说完“开始”之后再吃饭，而这个“开始”便是“规矩结束，可以吃饭了”的撤销指令。

和吃饭前的规矩一样，我们有必要教会狗狗撤销“坐着”的指令，告诉正在坐着的狗狗“坐着的动作已经结束了，可以活动了哦”。当狗狗坐了一会儿之后，可以对它说“可以了哦”或者“好了”，以这些话作为信号，告诉狗狗“坐着的行为可以结束了”。

狗狗在接收到“好了”的信号之前会一直保持坐着的状态。一开始能保持较短时间的坐姿状态就已经很不错了；之后，当狗狗能够挺直腰板好好地坐在地上的时候，我们可以一点一点地给予奖励，训练它保持较长时间的坐姿状态。慢慢地，狗狗就能够明确理解“坐下来”的意思，顺利地跟主人沟通，再也不需要主人反复说“再来，再坐下来”这些话了。

但是，很多主人非但没有教会狗狗撤销指令，反而在狗狗坐着的时候一个劲地说“坐下来，坐下来！再来，不许动，等一下，等一下”等。狗狗在主人的强迫之下，能够暂时保持坐着的状态，但最终还是会站起来。

请不要抱有“正是因为在狗狗小的时候没有很好地教会它坐下来，才会变成现在这个样子”的想法，也不要放弃训练狗狗，请再教一遍狗狗如何好好地坐下来吧。

有撤销指令的情况

5-4 场景——主人因狗狗的“异常吠叫”而困扰

名　字 ● **健太（♂）**

狗品种 ● **比格猎犬**

年　龄 ● **3岁**

有些主人说“自家狗狗经常会突然狂叫起来，真是好苦恼啊”。但是事实上，狗狗并不会无端狂叫，肯定是发现了什么好东西，或者想传达给主人什么信息。

健太的主人是一对夫妻，并且和孩子们一起住在公寓里。主人说，健太经常出现“无端狂叫”的现象。比如，主人为健太准备食物的时候、主人一家吃饭的时候、主人和健太一起玩球的时候等。由于叫声太大，导致公寓楼上的住户过来投诉。那么，接下来我们来分析一下健太狂叫的各种具体情况吧。

1 当主人为健太准备食物的时候

当妈妈拿出狗粮时，只要袋子一发出“沙沙”的声响，健太就立刻开始叫起来。于是，妈妈会一边对它说“好了好了，知道了，给你吃饭饭”，一边任由健太一直叫。直到妈妈把食物拿到跟前，健太才会停止狂叫，开始吃起饭来。

2 主人一家正在吃饭的时候

大家正围着餐桌吃饭，食物香味四溢，健太又开始叫起来，似乎在说："好像很好吃的样子，也分一点给我吧！"这个时候，爸爸就会一边对健太说"太吵啦，这就给你"，一边把菜分给它吃。健太获得食物之后，就会立刻安静下来，并且开始很满足地吃起来。

3 正在玩球的时候

健太最喜欢和孩子们一起玩球。当孩子们把球扔到远处，并告诉健太"快把球拿回来"时，健太会非常兴奋地跑去把球叼回来；当球在孩子们脚下的时候，健太就会大声叫起来，希望孩子们早点把球扔出去。而这个时候，孩子们也会一边说着"知道了，走你"，一边再次把球扔出去。

"希望早点吃到狗粮"的需求性吠叫

“希望早点得到一些吃的”的需求性吠叫

“希望早点玩球”的需求性吠叫

这些场景中的吠叫都不是异常吠叫而是需求性吠叫。在需求得到满足之前，狗狗会反复吠叫在这里，你有没有发现一些共同点？对，就是健太的吠叫都是有原因的。因此，这并不属于异常吠叫，而是“需求性吠叫”。“快点给我食物！”“我也想吃！快点分一些给我！”“快点把球扔出去！”……狗狗吠叫后，所有的需求都得到了满足，也就是说，主人和孩子们都在不知不觉间回应了健太的需求性吠叫。

当然，其结果是：健太只要希望主人为它做什么事时，都会使用“吠叫”这个方法。因此，想要消除狗狗的需求性吠叫，我们有必要教会狗狗一些适当的行为来代替“吠叫”。

经常能听到别人提到这样的处理方法：当狗狗开始需求性吠叫的时候，主人只要无视他就行了。但是，这并不适用于那些从幼崽时期就习惯了需求性吠叫的狗狗。狗狗会认为“只要我一吠叫就能得到零食！那我要开始叫了哦，汪汪”，于是就开始持续地叫。主人为了不给邻居添麻烦，只好答应把零食给狗狗吃。

其结果是让狗狗学习到了“原来如此，必须拼命地吠叫才行”，导致需求性吠叫越来越恶化。所以，我们不能采取无视的方式，而应教会狗狗“做正确的行为”，这样才真正有效果。

●学会“趴下来”之后就不再吠叫了

当主人希望健太做一些事情的时候，可以让它学会用“趴下来”取代“需求性吠叫”。“趴下来”这个行为不仅可以让狗狗冷静下来，而且在保持姿势时，狗狗也不容易吠叫。同时，我们可以慢慢延长狗狗趴着的时间。如果狗狗还想吠叫的话，主人可以在说完“没有奖励”的话语之后，迅速地转过身去，背对着狗狗。

当健太理解了“即使吠叫也没有用”的时候，就会意识到“对呀，只要趴下来就可以了”，这时，“趴下来”这个行为瞬间变成了奖励。

于是，健太学会了如果像以前那样“吠叫”的话，自己的需求是得不到满足的，而正确的行为是必须“趴下来”。

以前，当主人为健太准备食物的时候，健太一直“汪汪”地叫个不停，而现在都是乖乖地趴在主人边上等待食物。除了吃饭时间以外，在其他任何场合，健太也学会了用趴下来取代吠叫。

顺便提一下，当家人们吃完饭的时候，可以给健太吃一些饭菜。我认为当狗狗做了正确的行为时，主人稍微给狗狗吃一些饭菜并没什么不好。如果狗狗一直乖乖地待着，直到家人全部吃完饭，那么除了一些不利于狗狗身体健康且味道比较重的食物，或者狗狗不能吃的食物（巧克力或者洋葱等）之外，给狗狗吃一些饭菜作为最后的奖励也无妨。

不过，我并不赞成当狗狗正在撒娇或者狂吠不止的时候把桌上的食物分给狗狗吃。为了能够强化“狗狗在桌子底下乖乖地坐着等待”这个行为，家人们在吃完饭后给狗狗吃一些饭菜是一种比较好的方法。

5-5 场景——改不了随地捡食的毛病

名　字 ● 尚恩（♂）

狗品种 ● 杰克罗素㹴犬

年　龄 ● 3岁1个月

有些狗狗经常会捡马路上的食物吃，即“**捡食**”行为，而这种“捡食”的行为问题有时候关系到狗狗的生命安全，比如，有些狗狗不慎吃了含有老鼠药的毒团子而丧命。每当狗狗要去捡食的时候，主人都会训斥它，但依然无法改变它爱捡食的坏毛病，这是为什么呢？

狗狗认为只要对自己有好处，就会重复做出同样的行为。而经常反复的话，这个行为就会被强化，也就是狗狗“养成了习惯”。

尚恩在散步的途中，总是会不知不觉地捡食路边的东西，而且捡食的都是枯叶或腐烂的叶子，甚至还有石头。主人为了不让尚恩捡食这些东西，在散步的时候总是走几步路就低头看一下它。但是，当尚恩发觉前方有“猎物”的时候，就会立刻跑到前面去。主人看到它又在捡食，就会拼命地想把它嘴里的东西拿出来，而这个时候，尚恩却把东西吞了下去。主人为此感到非常苦恼，心想“一边盯着它一边散步可真是太累人了”。

●让狗狗能充分地探索

在这个案例中，我们首先需要调整狗狗的情绪。散步不只是为了“运动”，对狗狗而言，这还是一种重要的“探索行为”。对于3岁且好奇心非常旺盛的杰克罗素㹴犬来说，主人每天带尚恩出去散步两次，每次只有30分钟，这个刺激完全不能满足尚恩。狗狗无法停止捡食这个行为，并不是因为散步时间的长短问题，很有可能是“探索行为”不够充足。因此，主人可以给尚恩增加一些探索的机会，比如在房间里藏一些零食，在葫芦漏食球里面放一些食物等。通过增加上述刺激，主人带尚恩出去散步的时候，它的捡食行为立刻减少了不少。

●教会狗狗“不许动”的指令

此外，主人还需要教会尚恩“不许动”这个指令。在日本，管教狗狗的时候经常会使用“坐下来”和“趴下来”这些口令，但“不许动”的指令却很少有人知道。如果教会狗狗这个指令，有利于避免狗狗吃不可以吃的东西或者碰到危险的东西。主人可以在家里用玩具或者零食来训练狗狗，告诉它“不许动”。

在散步的时候，我们可以使用“Gentle Leader”（参照5−12）牵引绳。发现狗狗正在捡食时，立刻用力拉起绳子。请放心，“Gentle Leader”牵引绳不会给狗狗带来痛苦。

如果狗狗反复出现“捡食”行为的话，说明这个行为已经被强化了，这个时候训练狗狗“把嘴里的东西拿出来”这个行为已经不太有效了。所以，最关键的是从源头阻止狗狗对“捡食”这个契机做出任何反应。

针对尚恩的这个情况，准备带它出去散步的时候，我们可以走一条事先放了叶子和石头的“圈套路线”。当狗狗回想起之前学会的“不许动”指令，并在主人的指示下迅速远离这些东西时，主人可以给它吃一些零食作为奖励，并且拼命地夸奖它，这样便大功告成了。

当狗狗想要捡食，却又对“不许动”这个指令毫无反应的时候，

“不许动”的指令很有用

吃到一半而掉落在路上的冰激凌激起了狗狗的好奇心

如果使用了“不许动”的指令，那么狗狗就会避开这些东西

戴了Gentle Leader牵引绳的狗狗

这是一个很棒的物件，不仅不会给狗狗带来痛苦，还可以防止狗狗的捡食行为。选择和狗狗毛色相近的颜色就不会特别显眼。具体的使用方法请参照5-17

我们可以通过使用Gentle Leader牵引绳来迅速控制狗狗的行为。这样一来，在以后散步的过程中，狗狗就没有任何捡食的机会了。后来，尚恩再也没有出现捡食的行为。

不仅尚恩理解了散步的真正含义，主人也感到非常满意，终于可以看着远方牵着尚恩大步向前走了。

不让狗狗出现“捡食”行为的技巧是不让狗狗有“捡食”的经历，但如果狗狗出现了“捡食”行为，我们最好教会它“放开”的指令，让狗狗自己把嘴里的东西吐出来。

“不许动”的指令应用很广泛

当桌上的食物不小心掉落的时候，或者当孩子摔倒了把小玩具掉落的时候都可以使用这个口令

5-6 场景——偷吃食物

名　字 ● **夏茵（♀）**

狗品种 ● **威玛犬**

年　龄 ● **1岁**

只要主人的视线稍微离开一会儿，餐桌上的食物就会消失不见。对于食欲旺盛的狗狗来说，一旦记住了餐桌上有美味食物并且掌握了从桌上获取食物的方法后，就会避开主人的视线，开始偷吃食物。尽管主人拼命地想去阻止，但狗狗依然无动于衷地迅速吃完盘子里的食物。

夏茵是一只威玛犬，如果用后脚站立的话有成年人那么高。从幼年时期起，夏茵就比其他狗狗更加贪吃。主人们在吃饭的时候，经常会丢一些饭菜给它吃，它会因此感到非常开心。

在夏茵差不多5个月大的时候，有一次趁主人不注意，它跳上了餐桌，偷偷吃起了桌上的鸡肉。从那以后，只要主人视线一离开，夏茵就会立刻用后脚站立，并拼命地吃餐桌上的食物。

于是，主人们再也不在吃饭的时候丢饭菜给夏茵吃了，但这时的夏茵对食物的执念非但没有消失，反而愈发强烈起来。

太旺盛的食欲也是一件令人头疼的事情

如果狗狗用后脚站立的话，前脚就能够到厨房的台面。于是狗狗就这样悠闲地吃起食物来

●采取不容易让狗狗偷吃的方法毫无意义

在这种情况下，该如何阻止狗狗偷吃食物呢？狗狗会重复做对自己有利的行为，并且该行为会被不断强化。如果行为失去了意义，那么该行为就会像蜡烛被烧尽一般消失不见，在行为学上，我们称之为“消退”。也就是说，要阻止狗狗从餐桌上偷吃食物的话，我们最好不给它“偷吃”的机会。

尽管主人从一开始就特别留意狗狗的行为，不允许它偷吃食物。但夏茵总能抓住主人不在的瞬间去偷吃，虽然机会减少了，但狗狗的偷吃行为依然没有完全消失，狗狗偶尔成功地偷吃到了食物，反而会更加开心。

所以，最关键的是我们需要完全杜绝夏茵从餐桌上偷吃食物这个行为。否则，偷吃行为是不可能“消退”的。

●通过完全隐蔽来转移狗狗的注意力

我们可以在与厨房相连的地方安装婴儿用的安全栅栏。这样一来，夏茵就不能进入厨房了，也就完全无法吃到餐桌上的食物了。

此外，主人们吃饭的时候，可以给夏茵准备一些狗粮或者塞了少许鸡肉的葫芦漏食球。狗狗拼命取食物的样子在主人看来有点可怜，但对于原本就有狩猎本能的狗狗来说，通过葫芦漏食球抓取食物可以满足它“狩猎”的本能。如果狗狗平常的刺激比较少的话，就不会去吃放在盘子里的狗粮，而喜欢从葫芦漏食球里抓取食物吃。

夏茵原本食欲就非常旺盛，并且性格特别好动，一旦看到葫芦漏食球里面塞满了食物，就不再关注餐桌，而是拼命地从葫芦漏食球里抓取食物吃。就这样，在安装了栅栏后，坚持了3个月，偷吃餐桌上食物的“小偷”再也没有出现过。

无效的东西会被大脑清除

一般动物学习了“就算做了也没有用”的行为之后，就不会再重复做这个动作了。不过话说回来，我们经常能看到人们（包括笔者）持续不断地按电梯按钮的场景

5-7 场景——爬跨在房间里的玩偶上面

名　字 ● 麦克（♂）

狗品种 ● 杰克罗素㹴犬

年　龄 ● 9个月

我们平时可能经常会看到一只狗狗骑在另一只狗狗身上的场景，这被称为“爬跨”行为，一般是公狗的行为，不过有时候，母狗也会做出这样的行为。而狗狗爬跨的对象，除了其他狗狗以外，还有玩偶、人类的手腕和脚等。那么，狗狗为什么会出现爬跨行为呢？

麦克是一只杰克罗素㹴犬，生性聪明，平常特别喜欢玩耍以及和主人一起训练。麦克唯一存在的问题是喜欢爬跨，客厅里放着的泰迪熊不知道从什么时候开始已经成了麦克爬跨的对象。

每当麦克要对着泰迪熊做爬跨行为的时候，主人就会训斥它，而这个时候，麦克就会放弃爬跨泰迪熊，而去爬跨靠垫。主人觉得如果再这么训斥它的话，除了泰迪熊和靠垫，可能还会有其他东西受到损害，于是就不再训斥麦克，而开始拼命转移它的注意力。

公狗在幼崽时期会相互爬跨，当它们在爬跨时，主人会一边说着“喂！喂！都是公狗，快停下来”或者“不可以这样子”，一边拼命地阻止它们。但是，对于那个时期的小狗崽来说，这是必要的正常行为。

同性小狗崽之间的爬跨行为

为了繁衍后代，通过玩耍来学习必要而正常的性行为是很正常的事情

●爬跨行为是性行为的预演

爬跨行为并不是真正的性行为，为了繁衍后代，狗狗们会通过玩耍来学习必要而正常的性行为。有些狗狗由于在幼崽时期没有跟其他狗狗接触过或者没有社会经历，等到要开始真正交配的时候，什么都不会做。

此外，公狗的爬跨行为是在睾丸素的影响下发生的。像麦克这样正处于青春期的公狗，其睾丸素含量会变动得非常剧烈。由于受到睾丸素含量变动的影响，这个时期的公狗都会对各种各样的东西做出爬跨行为。当然，这属于非常正常的行为。

等青春期一过，睾丸素含量就会稳定下来，狗狗的爬跨行为也会逐渐消失。如果主人没有打算让狗狗繁衍下一代的话，最好考虑给狗狗做绝育手术，将控制睾丸素含量的睾丸切除。有研究数据表明，给狗狗做完绝育手术之后，60%的爬跨行为就会消失。不过，睾丸素的含量会随着狗狗年龄的增长而出现一定程度的变化。

●给狗狗做完绝育手术之后，爬跨行为就会逐渐消失

因为主人没打算让麦克繁衍下一代，同时为了预防疾病，就带它去做了绝育手术。差不多过了2个月之后，狗狗的睾丸素含量趋于稳定，也就不再对泰迪熊或者靠垫做出爬跨行为了。

因受到睾丸素的影响，麦克将泰迪熊当成自己的爬跨对象。不过，也有些狗狗会把主人或者主人的手腕以及脚当成爬跨对象。

以前，大家认为，狗狗对着自己主人的手腕或者脚做爬跨行为，是因为“觉得自己比较厉害”，现在这种观念已经改变了。狗狗处于兴奋状态的时候，或者生活非常单调而没有刺激的时候，为了发泄压力，也会做出爬跨行为，而爬跨行为的确能够消除狗狗焦虑不安以及欲求不满的情绪。

为什么狗狗会对人类的腿做出爬跨行为

有些狗狗会受到睾丸素的影响而对人类的腿等做出爬跨行为，
不过给狗狗做完绝育手术之后，情况一般都会有所改善

5-8 场景——追着自己的尾巴

名　字 ● 酷奇（♂）
狗品种 ● 混血犬
年　龄 ● 1岁11个月

主人一般把酷奇放养在自己家的院子里。每当主人往院子里看时，经常能看到酷奇正在追着自己的尾巴转圈圈。起初这个怪异的动作逗得家人捧腹大笑，后来，主人看到它总是这么一直盯着自己的尾巴转，就开始担心起来。于是，每次看到酷奇在追自己尾巴，主人就会大声呵斥，但酷奇完全没有要停下来的意思……

这种追自己尾巴的行为被称为强迫行为（compulsive behavior）。动物园里的熊在笼子里走来走去，实验室里饲养的猴子随着固定的节奏摇摆身体等，都属于强迫行为。而关于狗狗的强迫行为除了像酷奇这样“追自己的尾巴”之外，还有“咬自己尾巴”“追逐看不见的影子或者苍蝇”“过分舔舐自己身体或窝以及家具等”“按照一定的节奏持续吠叫”等。此外，像杜宾犬、牛头梗犬、拉布拉多犬这类品种，我们经常能看到它们独有的强迫行为。

●即使觉得主人很好也无法满足情绪

迄今为止，我们尚未明确狗狗为何会出现这些强迫行为，但可以肯定的是，狗狗在感到压力的时候容易出现强迫行为。

若过度拘束（长期被关在笼子里等）、运动不足或过量、日常生活无刺激、得不到主人的关爱、生活在经常会发生纠葛的环境里，狗狗很难保持正常的情绪，非常容易出现强迫行为。

酷奇的主人认为“给狗狗这么大一个院子，应该足够满足它的运动需求了”。或许，与那些戴着锁链、一直关在笼子里的狗狗相比，酷奇的确更自由一些。但是，一整天待在院子里，没有其他刺激的生活，对于2岁的狗狗来说，情绪需求依然无法得到满足。

●放养也未必能满足狗狗的需求

于是，主人开始带酷奇尝试能够提高其情绪的运动项目。以前认为狗狗在院子里已经有了充足的运动，后来，主人每天都会带它出去散步，早晚各一次。

在院子的塑料盆栽上面，主人经常能看到很多酷奇咬过的痕迹。这是由于狗狗咬的行为不够充分，所以，后来主人给酷奇准备了一些牛皮咬胶，以及可以让狗狗一边咬一边进行探索的葫芦漏食球。

此外，主人每天还会陪酷奇玩两次拉力游戏和球（各15分钟）。就这样坚持了2个星期，酷奇再也不会在院子里追着自己的尾巴转来转去了，表情也发生了巨大的改变。

容易产生强迫行为的状况

①一直被关在笼子里

②运动不足，处于无聊的状态

③社会接触少，缺少与主人的接触和关爱

④容易引发纠葛的状态

要避免容易堆积压力的环境。要知道，自己讨厌的事情狗狗也同样讨厌

5-9 场景——一直在舔舐自己的前爪

名 字 ● 杰克（♂）

狗品种 ● 金毛寻回犬

年 龄 ● 3岁4个月

狗狗舔舐自己身体的“梳洗”属于正常行为。但是，也有些狗狗会固执地撕扯自己的毛，直到脚爪上的毛脱落一大片，皮肤涨得通红。

杰克也会经常舔舐自己的前爪。由于舔得太过频繁，前爪掉毛非常严重，皮肤也涨得通红。于是，主人就带着它去宠物医院做了检查，但只要趁主人不注意，杰克又会开始偷偷地舔起来。就这样反反复复在医院和家之间来回跑，但它这个坏习惯怎么也治不好。

对于正在舔舐爪子的杰克，主人不管是无视还是训斥，它都会暂时停下来，过一会就又开始舔起来。主人还试过在杰克的前爪上喷上它不喜欢的苦涩气味，或者涂上芥末，但杰克也只是迟疑一瞬间，之后又继续舔起来，所以这个方法根本没有实际的效果。

●消除狗狗舔舐爪子的诱因

狗狗过分舔舐东西的行为也属于一种强迫行为。除了像杰克这样的金毛寻回犬会过分舔舐自己的前爪之外，我们还经常能看到爱尔兰长毛猎犬、拉布拉多寻回犬、大丹犬、德国牧羊犬等这些大型犬出现

为什么很难戒掉狗狗的强迫行为

狗狗舔得越厉害，其脑内就会分泌出越多的“多巴胺”，
使狗狗渐渐形成习惯，很难停下来

这样的强迫行为。此外，除了舔舐前爪，狗狗还会舔舐自己身上的其他部位，甚至是屋内的家具、地板等。特别是杜宾犬，经常会吮吸和舔舐自己腹部侧面的位置。

人类跳伞或者蹦极时，在顺利落到地上的那一瞬间，心情会“呼”地立刻放松下来。人们每当感到心情放松的时候，大脑的伏隔核就会分泌出一种称为“多巴胺”的快乐物质，当大脑分泌出多巴胺之后，人们会想再次做之前那个行为，这就是强化的作用。

狗狗的大脑虽然没有人类那么复杂，但基本原理是相同的。当狗狗舔舐东西的时候，心情就会变得很愉悦，紧接着大脑会分泌出多巴胺。就这样，在反反复复的过程中，这个行为被强化，狗狗也就逐渐养成了过分热衷梳洗毛发的“习惯”。

主人通过在狗狗喜欢舔舐的地方涂上苦味食物，或者当狗狗正在舔舐的时候大声训斥，都只能“暂时性”地阻止狗狗的舔舐行为，狗狗会在主人不在的时候，或者躲到隐蔽处继续舔舐，所以无法从根本上解决问题。

不过，在判断狗狗的强迫行为之前，我们有必要搞清楚狗狗所做的行为是不是“为了吸引主人的关注”。对于平常不怎么能得到主人关心的狗狗，一旦开始做出舔舐行为之后，主人就会训斥道“不可以舔”，狗狗也就因此吸引了主人的注意。这种吸引主人注意的行为并不属于强迫行为。

●消除欲求不满的同时也消除了“强迫行为”

杰克携带着金毛寻回犬独有的运动模式（与生俱来的特征），如果自身的运动模式无法得到发挥的话，就会倍感压力。主人每天带杰克出去散步两次，每次1个小时，偶尔再陪它一起玩拉力游戏，但这些依然无法满足杰克的运动需求。

此外，杰克还会经常叼主人的手，这是因为与其他品种的狗狗相比，改良的金毛寻回犬更需要强化探索猎物并把其叼回来的行为。因此，我们可以用球代替猎物，训练狗狗的“探索及叼回来”这个行为。

在平常的散步中，主人增加了陪杰克玩球的项目，并增加了15分钟的玩球时间，这不仅满足了杰克作为狗狗的本能需求，还加深了狗狗与主人之间的信任。在陪杰克玩球的时候，主人还增加了坐下和趴下的训练，使得杰克的活动变得更加丰富多彩，充分满足了金毛寻回犬的运动模式需求。

以前拼命舔着前爪而根本不听主人话的杰克，现在几乎不再舔舐前爪了。当狗狗偶尔又开始想舔的时候，只要主人说“不可以”，它就会乖乖听话不再舔了。大概过了1个月，杰克就完全不再舔舐自己的前爪了。

5-10 场景——使用了牵引绳就会硬拉扯

名　字 ● **娜娜（♀）**

狗品种 ● **金毛寻回犬**

年　龄 ● **2岁8个月**

在散步的时候，主人有时会因狗狗拉扯牵引绳而摔倒受伤……不仅是大型犬，有些小型犬也会出现这样的情况，在狗狗拉扯牵引绳的时候，主人会被绳子缠住身体而摔倒。接着，主人因受伤无法带狗狗出去散步，导致狗狗压力堆积，从而引发其他行为问题。因此，我们需要防止狗狗养成“拉扯的习惯”。

娜娜是一只金毛寻回犬，体型比较大，因此，带娜娜出去散步对年龄较大且个子较小的主人来说是一件非常辛苦的事情，且大多数时间都是在被娜娜拉扯着的状态下散步的。

娜娜原本由主人的儿子饲养，但他由于工作的原因搬了家，娜娜才被带到现在的主人身边来。而新主人从未养过大型犬，对娜娜拉扯牵引绳的强劲力度感到非常吃惊。不久之前，主人就是因为被娜娜拉扯了一下而摔倒，导致手部骨折。从那以后，主人就不敢再带娜娜出去散步了。

由于无法出去散步，娜娜的压力不断堆积，出现了持续舔舐自己前爪的强迫行为……

●被狗狗拉扯的时候，就停在那里不动

狗狗出现拉扯牵引绳的现象一般是因为戴着牵引绳之后不知道该如何正确走路。能够被主人带到外面散步自然非常开心，所以狗狗才会不断拉扯着绳子大步向前走。

如果主人被狗狗拉扯了之后，自己也往前走的话，狗狗就会学习到“越拉扯就会越向前”，那么就会越发拼命地向前拉扯牵引绳。与其他行为问题一样，狗狗只要感觉到拉扯这个行为对自己有利，就会重复这个行为。

顺便提一下，有些人会认为“狗狗拉扯牵引绳是认为自己比较厉害”，但事实上并非如此。这种想法原本起源于“狼群”的生活场景，当狼群来到陌生的地方，狼领袖总会带头观察周围的情况，在日常的活动范围内，也会经常走在最前面。

并非是得意洋洋地向前走

狗狗拉扯牵引绳并非是“认为自己比较厉害”

我们想要让狗狗停止无视主人而拉扯前进的这个行为，最有效的方法是在狗狗拉扯的时候迅速地停下来，等到狗狗停止拉扯的时候再继续前行。重复几次之后，狗狗就会学习到“即使拉扯了也不会前进”，所以就不再拉扯了。主人通过这个方法来训练娜娜，从第三次散步开始，它就完全不会再拉扯牵引绳了。不过由于时机很难把握，所以我推荐使用Gentle Leader牵引绳（参照5-12）。

不过，我并不推荐“当狗狗正在往前走的时候，主人往回拉牵引绳”这个方法。你小的时候，有没有出现过与兄弟姐妹或者小朋友们一起抢夺玩具的情况？在玩耍的过程中，突然间谁把玩具抢走了，你肯定很想把它抢回来吧。狗狗也一样，当被主人往反方向拉的时候，它会很想拉扯回来，继续向前走。

只是想早点出去玩

拉扯牵引绳是因为“只要拉扯就能前进”。一旦被狗狗拖拉着前行的话，即便主人说“等一下！喂”，也毫无作用

5-11 响片训练是一种怎样的训练方法

响片训练是以游戏的方式来提高狗狗的“学习”动力，同时主人也能在其中享受到学习乐趣的一种训练方法。在欧美国家，这种方法不仅适用于训练狗狗，还适用于训练海豚、虎鲸、大象，甚至人类自己。

不过，最近有不少主人过来咨询：“我尝试利用响片来训练我的狗狗，但是它对响片的声音没有任何反应，正确的使用方法是怎样的呢？”

响片是一种按压下去能发出“喀喀”声的玩具。响片训练就是将这个声音与发生好事情（小零食）相联系，形成条件反射来训练狗狗做出正确的行为。按下响片发出声响来告知狗狗“刚才的行为是正确的”，同时也作为“下一个好事情将要发生了”的信号，以此来强化狗狗的行为。不过，值得提醒的是，狗狗并非喜欢响片这种“喀喀”的声音，如果没有条件反射的话，这种声音对狗狗来说是毫无意义的。

●通过声音让狗狗知道正确的行为

我们可以通过响片训练来引导狗狗做一些我们所希望的行为，在行为学上，我们称之为“塑造”。塑造就是通过分阶段强化狗狗的行为来达到最终的目标。

例如，当我们需要教狗狗做“按按钮”“举起一只前爪”等复杂又细致的动作时，或者需要完善狗狗那些“虽然会做，但又不太规范”

的行为（比如欠着身子半蹲半站的坐姿）时，就可以利用响片来训练狗狗。响片的特征是很容易向狗狗传达正确的行为，所以我们可以依次告知狗狗这些细致的行为是否“正确”。

不过，传达行为“正确”的时机，也就是按下响片发出声音的时机非常关键。如果时机稍微有些延迟，狗狗就会进入混乱状态，所以我们必须在狗狗做完动作的那个瞬间立刻按下响片。

●还可以让狗狗替我们关灯

利用响片，我们还可以教狗狗“拉台灯绳关掉台灯”这样的动作来帮助那些手脚不便的人。接下来，让我来简单地解释一下吧。

①开始进行响片训练之前，只要响片声音一响就给狗狗吃“零食”，让狗狗知道“响片发出声音就有好事情发生”（将响片和零食联系起来，形成条件反射）。

②当狗狗接近台灯的时候，哪怕只向前走了一步，我们都立刻按下响片并给狗狗吃零食。这个时候狗狗会想“虽然不知道到底发生了什么，但是我得到了零食”，然后通过做出各种各样的行为来不断试错。

③当狗狗做出远离台灯或者坐下来等与“拉台灯绳”无关的行为时，我们可以无视狗狗（不按响片）。相反，当狗狗稍微做出靠近台灯的行为，或者类似接近台灯等与目标相关的行为时，我们就立刻按下响片并给它吃零食。直到狗狗学会“叼台灯绳”，或者“拉台灯绳关掉台灯”。

④等“拉绳子关掉电灯”的频率增加以后，我们可以在希望狗狗继续做这个行动的那一瞬间添加“暗语”。暗语可以是希望狗狗做出的行为的“名字”，最好是简洁明了的词语。比如在这个案例中，可以是“电灯”或者“台灯”。接下来，只要你说一声“电灯”，狗狗就会走向台灯的方向并把台灯关掉。

●让响片的声音成为奖励

在这里，可能有人会疑惑“是不是每次按下响片都必须给狗狗吃零食呢”。起初，我们为了让狗狗能有效地学习这个事物，基本上是“一按下响片→给零食”，等狗狗对响片训练非常熟练之后，我们就可以不用每次都给零食了。

狗狗能将响片声音和好事情联系起来，并专心致志地做各种各样的行为，只是因为听到响片声音之后有“奖励”。人类如果顺利完成了一件事情的话，就会产生“终于完成了”的成就感，同时也会因这种成就感而感到非常开心，狗狗也是如此。当狗狗感觉到“完成了”的时候，成就感就能强化这个行为。所以只要响片声音一响，狗狗就会渐渐地进入欢欣雀跃的状态，并享受其中。

不过，随着时间的推移，响片的声音会比实际的零食变得更有魅力。有这样一个案例：一只小型雪纳瑞犬，主人每天在固定的时间以游戏的方式对它进行响片训练，之后只要时间一到，狗狗就会主动从桌上找到响片，并丢到主人面前，似乎在说“快点开始响片训练吧”。

响片训练的场景

通过使用响片，主人与狗狗对视会变得很容易

5-12 什么是Gentle Leader牵引绳

名　字 ● 阿奇（♂）

狗品种 ● 柴犬

年　龄 ● 2岁

柴犬阿奇在散步的时候总是会很用力地拉扯牵引绳，就算主人训斥它“不要拉扯”，它也完全无动于衷，这时，主人也会为了不摔倒而拼命拽着绳子。主人的孙子很喜欢阿奇，想带阿奇去散步，但孙子还是个小学生，主人认为带阿奇出去散步比较危险，会因为力气不够而抓不住绳子。

有一本管教的书籍介绍说“使用了狗头项圈的话，狗狗就不会再拉扯了”，于是主人尝试使用了项圈，但狗狗依然会拉扯，并且到现在，主人只要给狗狗戴牵引绳项圈，狗狗就会去咬主人的手……

目前在日本，有很多训练师或主人使用“狗头项圈”或者“半P链”，据说“使用了这种绳链的话，狗狗只要做出拉扯牵引绳的行为，脖子就会被勒紧，所以就不会再去拉扯绳子了”。但是，在使用的过程中也出现了各种各样的问题，比如说戴了项圈的位置毛发脱落严重，有时候还会出现损伤脖子和气管等情况。

阿奇也同样感受到了项圈的疼痛，所以一旦主人想给它戴项圈，它就会为了保护自己而攻击主人。在宠物饲养理念比较发达的国家——英国，人们认为狗头项圈是一种“残酷的工具”，所以已经基本不再使用了。

这个时候，一种对狗狗来说更有效果且使用起来很温和的新工具应运而生，那就是“Gentle Leader”牵引绳。

●对狗狗和主人来说，Gentle Leader牵引绳是一种很温和的工具

Gentle Leader牵引绳像马的缰绳一样，是控制狗狗头部的一种工具，无论狗狗体型有多大，都能轻松操作。我们如果给狗狗戴上普通的项圈或者半P链的话，狗狗会使出浑身的力气去拉扯牵引绳；但如果佩戴了Gentle Leader牵引绳，只要狗狗一拉扯，Gentle Leader牵引绳就会像马缰一样，把狗狗的鼻尖朝向主人的方向，而狗狗的身体也会跟着过来。因此，狗狗就不会再像佩戴平常的牵引绳那样持续拉扯着向前了。

给狗狗佩戴上Gentle Leader牵引绳之后，狗狗还是可以像平常一样活动，也可以顺畅地呼吸，吃饭喝水都不成问题。并且，不会有像戴项圈那样的痛苦感，所以如果狗狗能养成很好的习惯的话，就会变得很乐意佩戴Gentle Leader牵引绳。

同时，Gentle Leader牵引绳还可以放松狗狗的心情。Gentle Leader牵引绳一般戴在狗狗的眼睛下面和脖子后面（参照第223页的图片）的部位。小狗崽在和同伴一起玩耍到过度兴奋的时候，嘴巴会相互轻咬，这时，狗妈妈会通过轻轻叼起小狗崽脖子后面的部位将它转移到安全的地方。小狗崽会因狗妈妈的这个行为而重新冷静并放松下来，我们也可以称脖子后面的这个部位为“放松的穴位”。Gentle Leader牵引绳就是根据这两处穴位的特点制作而成的，所以如果我们能够给狗狗正确佩戴Gentle Leader牵引绳的话，狗狗就能够得到放松。

目前，在日本，我们也能看到好多人开始使用Gentle Leader牵引绳，但遗憾的是，大部分人的使用方法和给狗狗佩戴的方式都不正确。具体的错误使用方法有以下几个：

1. **一开始的佩戴方式就是错误的**
2. **强行给狗狗佩戴，导致狗狗产生厌烦并开始咬主人**
3. **在没必要拉紧绳子时拉了绳子**

如果我们能够正确地给狗狗佩戴Gentle Leader牵引绳的话，Gentle Leader牵引绳对狗狗来说是非常温和的，但是在不了解的人看来，这个工具看上去就像“口圈”一样，人们会认为“那只狗狗会咬人”“好可怜啊”。所以，如果在意他人的眼光，请选择使用和狗狗毛色接近的Gentle Leader牵引绳，这样就不会那么显眼了。

主人给阿奇佩戴了Gentle Leader牵引绳后，作为小学生的孙子也能够独自带着它出去散步了。而且，给阿奇戴上这个牵引绳的时候，它也没有再出现过咬人的现象。

操作Gentle Leader牵引绳的时候不需要用力，所以老人小孩都能驾驭。不过，最好事先向训练师或者行为专家请教Gentle Leader牵引绳的正确使用方法，之后再愉快地带狗狗出去散步。

经常出现的错误佩戴Gentle Leader牵引绳的方法

佩戴方法不正确

如果佩戴部位不正确的话，原本应该呈现V形的绳子会变成L形。这样的错误佩戴方式很常见，需要特别注意

一下子拉紧

使用Gentle Leader牵引绳的时候，绳子一般呈J形松弛的样子，不可以一下子拉紧

5-13 行为问题能用药物治疗吗

名　字 ● 佳子（♀）

狗品种 ● 斯塔福郡斗牛㹴犬

年　龄 ● 7岁2个月

佳子是一只斯塔福郡斗牛㹴犬，它的主人是一对双职工夫妻。不久之前，妻子由于身体不适在家休养，身体好转后又恢复了工作。之前妻子在家的时候，佳子都很平静，现在妻子出去上班了，它会在家里不停地狂叫，有时还会随地大小便。

主人带它去宠物医院检查，兽医配了一些抗焦虑的药物。但是考虑到佳子已经到了老年，主人很担心药物会对它产生副作用，也担心佳子对药物产生依赖性。最近，佳子一直都无精打采的，仿佛像人类一样得了“抑郁症”。

人类一般通过服用精神治疗药物改变脑内的神经递质，从而消除焦虑并稳定情绪。

患抑郁症的人，其大脑的神经递质——血清素的分泌量要比健康的人少很多。研究表明，处于抑郁状态的狗狗，其大脑和人类一样，血清素的分泌量相对较少。生活在无刺激、压力堆积环境下的狗狗，大多数会出现抑郁的现象。

●慎重使用药物

在使用药物的时候，我们必须非常清楚地判断狗狗内心到底处于一个怎样的状态。如果经常给处于兴奋状态的狗狗服用抗焦虑药物的话，狗狗的状态会恶化。因为这种情况下的兴奋是“因抑郁状态引起的兴奋”，服用抗焦虑药物，会使狗狗的情绪更加低落，从而出现相反效果。狗狗原本情绪就很低落，又处于抑郁的状态，使用了抗焦虑药物之后，抑郁状态反而会变得更加严重。

当狗狗出现攻击行为问题的时候也可以使用药物，比如使用抗兴奋剂或者抗焦虑药物。大多数有攻击行为的狗狗处于抑郁状态。

在英国，有些行为咨询师会通过分析狗狗的精神状态来建议兽医配一些药物。在做一些基础行为咨询的时候，我和同事们一般不建议使用药物。特别是狗狗的攻击行为，完全可以不使用药物。这是因为狗狗的大脑神经递质分泌量能够随着心理状态的改善而改变，如果主人每天努力给狗狗增加刺激和快乐的话，狗狗的心理状态就会渐渐好转。

●将药物作为最初的契机

绝不可忘记的是，药物只是暂时使用的东西。在给狗狗服用药物期间，药物的确能治疗狗狗的行为问题，一旦停止服用，狗狗又会回到原来的样子，也就是说，药物无法解决根本问题。

例如害怕雷声的狗狗，如果在打雷的时候给狗狗服用抗焦虑药物，可能它的确不会再害怕，但在没有携带药物的情况下，如果突然打雷，就会很麻烦；此外，对于患有离别焦虑障碍的狗狗，给它服用抗焦虑药物之后，它可能的确会冷静下来，但如果主人仅仅一个小时不在家也需要给狗狗吃药，这样大剂量和多次数地服用药物根本就不现实。

我认为，药物归根结底是为了治疗狗狗的行为问题，那么我们应该在短时间内将药物作为“契机”限定使用。通过使用药物暂时抑制狗狗的紧张情绪，让狗狗冷静下来之后，学习正确的行为。因为只有让狗狗自己冷静下来，才有可能从源头纠正狗狗的行为问题。此外，切不可遗忘，任何药物都是有副作用的。

关于之前提到的佳子，兽医给主人配了一些能提高狗狗情绪的抗焦虑药物，同时搭配行为治疗，佳子逐渐变得精神抖擞，还可以独自留守在家。

不过，无论在英国还是日本，只有兽医才可以开药。因此，在英国，都是行为咨询师和兽医相互配合进行诊断，一般是在行为咨询师充分把握狗狗的精神状态和心理状态之后，把这些信息传达给兽医，再由兽医根据行为咨询师的建议配出最合适的药物。

专栏 5

什么是信息素疗法

名　字 ● **米拉（♀）**

狗品种 ● **纽芬兰犬**

年　龄 ● **4岁**

米拉是一只纽芬兰犬，刚从收容所来到新主人家里。由于对新环境比较陌生，米拉感到十分不安。于是，兽医推荐主人给狗狗使用D.A.P.(dog appeasing pheromone)信息素疗法。

欧美国家经常使用信息素疗法，这种治疗方法可以改变狗狗的行为和情绪。关于狗狗的D.A.P.是由法国的维克（Virbac）公司研发出来的，有各种各样的型号，比如插入电源插座的扩散器型、挂脖子上的项圈型，还有喷雾型等。

D.A.P.是哺乳期的狗妈妈乳腺周围自然分泌出来的信息素。这无论对小狗崽还是成年狗狗，无论对公狗狗还是母狗狗，都具有很好的效果。由于D.A.P.是纯天然分泌出来的物质，没有任何副作用，所以可以放心给狗狗使用。

在行为疗法中，对于患有离别分离障碍的狗狗，或者处于抑郁状态的狗狗，在治疗它们的行为问题之前，可以通过使用D.A.P.先调整狗狗的情绪。此外，在小狗崽迎接新环境的时候、把狗狗寄放在兽医那里的时候、狗狗被主人带出去兜风感到紧张的时候，使用D.A.P.都能很好地缓解狗狗焦虑不安的情绪。

米拉的主人在房间里摆放了插入电源插座的扩散器型D.A.P.，米拉就能渐渐冷静下来了。

专栏 6

门铃一响就狂叫，这该怎么办

门铃一响，狗狗就冲到玄关不停地狂叫，这个时候，主人应该教会狗狗“走向玄关，并在那里趴着等待”这个正确的行为。首先需要训练狗狗很好地“趴下来”，因为在“趴下来”这个姿势之下，狗狗才不容易吠叫。

等狗狗学会“趴下来”之后，再训练狗狗“在玄关处趴着”。让狗狗养成“在玄关处趴着”的习惯，平常散步回来，我们给狗狗擦脚以及放开牵引绳就会变得比较容易了。然后，我们再通过语言指令来训练狗狗，让狗狗听到“玄关”“门口”等词语后，能自己走去玄关处趴着。等到狗狗学会了“在玄关处趴着”这个行为之后，接下来我们将门铃的声音与“玄关”这个词语联系起来。当门铃响起之后，主人通过说“玄关”这个词来指示狗狗走到玄关处趴下来。

接下来是最关键的步骤。这个时候，对于狗狗愉悦又兴奋的奖励就是“客人的登场”。一开始，当门打开之后，狗狗一看到客人，就会立刻站起来。所以，当狗狗站起来的时候，我们立刻关门，不让狗狗与客人接触。看不到客人的狗狗就又会回到“趴下来”这个姿势，这个时候，我们再打开门让客人进来。关键的要领就是“站起来→没有奖励（客人消失不见）”“趴下来→获得奖励（能和客人打招呼）”。

训练了这一系列动作之后，如果当客人进来，狗狗还能在原处趴着不站起来的话，主人就可以对它说“好了”，向狗狗传达“可以跟客人打招呼了”的意思。这样一来，狗狗就学会了“耐心趴着”的这个行为。

第6章

养狗狗前需要注意的重要事项

6-1 狗狗不是“买来的”，而是“养来的”

读到这里，或许会有不少人想买只狗狗来养养。如果你已经决定养狗的话，必须得了解狗狗的需要：除了食物和运动，还必须给予其充分的社会接触和每天的刺激。否则，你将会被狗狗的一些行为问题所困扰。而所谓的行为问题，都是由于主人没有充分满足狗狗的需求，从而导致其成为理所当然会产生的“正常行为”。

当被问到为什么要养狗狗的时候，有些人会这样回答：“当在宠物店看到那家伙的时候，我就对它一见钟情了，这或许就是命运的安排吧。”不过，我反对人们**因“一见钟情”这个理由来养狗狗**，因为狗狗也是有生命的。比如，人们因一见钟情买来的衣服，往往过不了多久就不喜欢了，心想“还是不要了吧”，于是要么堆在衣柜里积灰，要么索性扔掉，但我们绝不可以这样对待狗狗。

我遇到过很多这样的人：孩子因一见钟情买来的腊肠犬，不久之后就送到了老家，让父母来照顾；父亲因一见钟情买来的杰克罗素㹴犬，最后让讨厌狗狗的母亲来照顾等。

或许的确存在“命运的邂逅”，但因举止呆萌、外表可爱、头脑机灵、品种受欢迎等理由而轻易地开始养狗是一件很危险的事情。因为狗狗不是“买来的”，而是“养来的”，需要和我们一直生活在一起。

养狗之前请考虑一下狗狗的心情

在养狗之前，请好好想清楚，自己是否能真正养好狗狗，要一直陪伴它，直到它离开这个世界

“因为需要被治愈而想养狗狗。”

你是被狗狗治愈还是你在治愈狗狗？自己有没有很好地陪狗狗玩耍或带它出去散步？

“因为每晚工作很忙，想在周末的时候带狗狗去公园玩耍。”

你每天都很晚回来，在这期间，狗狗一直在等着你，因为对狗狗而言是没有周末的。当你不在家的时候，你有考虑过狗狗的心情吗？

“去旅行的时候，把狗狗寄养在宠物酒店会比较好吧？”

狗狗并不知道“你要去旅行”，突然间被带到陌生的地方，主人也不在身边，狗狗心里会感到多么不安啊！所以，在养狗狗之前，请重新审视一下自己的生活，并且把5年、10年以后的日子都考虑进去。那么，你是否已经准备好养狗了呢？

6-2 养狗狗之前需要慎重考虑及选择狗狗的品种

在选择养什么狗狗的时候，我们必须考虑不同品种的差异性，不仅包括体型大小、毛发质量、运动量等身体上的差异，也包括性格上的差异。据说狗狗的直接祖先是大约15 000年以前生活在东亚的大陆狼。后来，人类将这种狼当成“狩猎的随从”“守护村里家畜的看守犬”等，就这样，大陆狼渐渐地被家畜化了。

从那以后，人类花了数百年的时间培育出了各种各样的狗狗品种。日本犬业俱乐部里记载了146个狗狗品种，而英国犬业俱乐部里记载了196个狗狗品种。

人类根据不同的目的将狗狗改良成了不同的品种。比如以监视和引导家畜为目的的畜牧犬，以狩猎或追逐猎物为目的的猎犬，还有以宠物为目的的宠物犬等。改良目的不同，狗狗的性格也有所差别。

●玩具贵宾犬

有些狗狗因毛发不易掉落、头脑聪明、好养活而经常被作为“初养狗者可以养的狗狗”。但是，这类狗狗头脑灵活，很会观察主人的反应，所以不仅很容易学会好的事物，同时也擅长学习坏的事物。尤其是那种特别爱撒娇的狗狗，如果它的主人过的是独居生活，并且平常工作繁忙的话，一旦没有得到主人的充分关爱，狗狗很容易产生需求性吠叫、对主人做出攻击行为等行为问题。

玩具贵宾犬特别爱撒娇

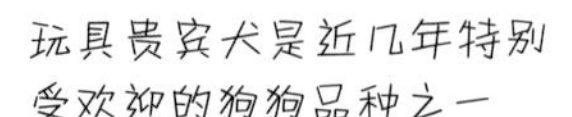

玩具贵宾犬是近几年特别受欢迎的狗狗品种之一

●吉娃娃

吉娃娃外表看来既小巧又可爱，很容易让人觉得很好相处。其实，吉娃娃的性格很强势，而且经常会狂叫。我曾经看到过有吉娃娃对和它生活在一起的大型大丹犬态度非常傲慢，而大丹犬还会把自己的玩具给吉娃娃玩。由于吉娃娃非常小巧，所以它一撒娇，主人只要抱一抱就能很快解决问题。不过，有些吉娃娃“不喜欢被抱”，反而会养成爱咬人的坏习惯，主人需要特别注意。

●比格猎犬和腊肠犬

比格猎犬和腊肠犬都是从狩猎犬改良过来的，所以，当它们发现有猎物的时候，会狂吠来通知主人或威慑猎物，并且会去追逐猎物。现如今的生活虽然已经与狩猎没有了关联，但狗狗狂叫的习性依然没有改变。因此，住在集体住宅区的主人必须注意不要让自家狗狗随便乱叫。特别是腊肠犬，由于天生具有钻洞追赶獾的能力，所以特别喜欢挖洞穴。如果平时这个习性没有得以发挥，家里的沙发和地毯很有可能被它挠得破烂不堪。

结合人类的不同目的，狗狗被改良成各种各样的品种

Herding（畜牧犬）

柯基犬……追赶牛

边境牧羊犬……引导羊

Terrier（小猎犬）

约克夏㹴犬……捕捉老鼠

杰克罗素㹴犬……追赶狐狸

Hound（追踪型猎犬）

寻血猎犬……通过嗅觉追踪猎物

阿富汗猎犬……发现猎物后穷追猛赶

Toy（玩具宠物犬）

北京犬

马尔济斯犬

●博美犬

博美属于会拉雪橇的小型犬品种。这个品种的狗狗好奇心非常强，又充满活力，不过也有神经质的一面，一旦看到恐怖的东西就会害怕到极致。其结果就是，狗狗要么大声吠叫，要么开启攻击模式，所以，主人需要在狗狗的幼崽时期就让它接触并慢慢适应不同的人或其他狗狗，以及不同的事物。

●约克夏㹴犬

约克夏㹴犬外表看起来非常漂亮，但原本是为了驱除老鼠等改良而成的品种，它性格活泼又非常贪玩，是个很会撒娇的小家伙。同时，它的警惕心很强，看到不熟悉的事物就会狂吠不止，所以，在狗狗的幼崽时期，主人就很有必要让它充分接触社会。加上这种狗狗的探究心很强，要注意在平常的生活中给它增添一些刺激，可以给它一些布偶之类的玩具，陪它一起玩耍，以满足它的捕猎需求。

●柴犬

柴犬原本是一种用来捕捉野猪的狩猎犬，很早以前，它就作为日本原产的狗狗品种而深受人们喜爱，现在，很多人都将它作为玩具宠物犬来饲养。柴犬一旦认可了主人，就会非常忠诚而顺从，并且性格很独立，平常不怎么会对主人撒娇。我们经常能看到柴犬作为看门犬守在屋外的样子，但其实它的性格非常活泼好动，尽管具有非常强的忍耐力，但如果主人没有给予充分的刺激来满足它狩猎本能的话，很有可能会引发其追逐小孩或其他动物、狂吠不止等行为问题。

柴犬的性格很独立

柴犬的性格很独立，对主人非常顺从和忠诚，能够和主人建立信任关系

● 边境牧羊犬、彭布罗克威尔士柯基犬

边境牧羊犬、彭布罗克威尔士柯基犬都是由畜牧犬（追赶牛）改良而成的品种，所以全身充满了能量。除了需要单纯的散步之外，这种狗狗还具有追赶牛的特性，即追在一动不动的牛后面，也会轻轻地咬牛的脚后跟，如果这个运动特性没有得以施展，很有可能引发其追赶跑来跑去的孩子和大人并咬他们的脚后跟等行为问题。

● 杰克罗素㹴犬

杰克罗素㹴犬体型不大，一般身高为30～36厘米，体重为6～8千克，但其运动量和爱玩的程度与活泼的大型犬基本相当。

如果能够正确理解上述不同狗狗品种的特性，并使其需求得以满足的话，我们就能很好地防止狗狗行为问题的产生。我们经常说“人不可貌相”，狗狗也是如此。在养狗狗之前，我们需要了解不同狗狗品种的差异性，在审视自己的性格、生活环境以及生活习惯的基础上，选择适合自己的狗狗品种。

6-3 要把自己和狗狗的年龄都考虑进去

在日本，人们一般从宠物店或动物饲养员处购买狗狗；在英国及美国，人们一般是从保护机构（收容所）处领养狗狗，这里除了小狗崽，还有不少成年狗狗。在日本，很多人想养育小狗崽，所以管教起来相对比较麻烦一些，再加上小狗崽充满了活力，因此，主人还必须考虑自身的体力问题。我曾经遇到过这样一个客户，她的父母买了一只玩具贵宾犬，但由于实在照顾不过来，不得不托付给她来养。

我们不仅需要考虑狗狗的品种和性别，重要的是，还必须考虑狗狗的年龄。比如同样是玩具贵宾犬，5个月大的狗狗与9岁的狗狗每天的活动量和性格是完全不一样的。

我在给客人做狗狗行为问题方面咨询的时候，也经常会给客人提供一些养狗的建议和意见。

以前我遇到过这样一位老人，因为丈夫离世，“自己一个人生活感到很寂寞，所以在犹豫要不要养只狗狗”。虽然在很小的时候有过和狗狗生活的经历，但由于自己已经上了年纪，所以，她还是担心能否很好地照顾狗狗。

在上面这个案例中，我建议她不要养小狗崽，后来她就从收容所领养了一只9岁的西施犬。那只西施犬非常乖巧，也能很好地独立上厕所，平常就安静地在一旁睡觉。老人平常不怎么外出，但自从有了这只西施犬后，会经常带着它在家附近散步，外出机会增多了，心情也变得开朗很多。

性格合拍的案例

活跃的30岁男性
“来，咱们去公园玩飞盘”
杰克罗素㹴犬（1岁）
“哇，去玩咯！最喜欢玩飞盘了！”

有孩子的家庭
金毛寻回犬（3岁）
“最喜欢小孩子了！”

70岁的老奶奶
西施犬（9岁）
“好想睡在主人的膝盖上呀！”

性格不合拍的案例

经常不在家的20岁全职女性
活泼又爱撒娇的贵宾犬（1岁）

不爱出门的宅男
活跃好动，喜欢出去玩的边境牧羊犬（1岁）

认为“头脑聪明，容易管教”而选择狗狗品种，这种行为很危险这只西施犬刚从收容所出来的时候，看起来是一副落寞的样子，自从来到老人这里过上稳定的生活之后，每天的表情都洋溢着幸福感。由此可见，主人和狗狗的性格非常合得来。

6-4 场景——性格是遗传的吗

名　字 ● 梅莫尔（♀）

狗品种 ● 意大利灰狗

年　龄 ● 1岁5个月

在梅莫尔5个月大的时候，主人就从饲养员那儿把它领回了家。梅莫尔从小就比较敏感，听到主人很用力地关门或者听到下雨的声音都会吓得瑟瑟发抖。饲养员说："它的父母也比较胆小，可能是遗传的吧。"那么，性格真的是遗传的吗？

答案是"一半Yes，一半No"。在行为学的世界里，我们经常说"Nature（天性）与Nurture（养育）"。但是，哪些性格是遗传的，哪些又是由生活环境造成的，我们至今无法将它们很清楚地区分开来。

正如3-1中所述，在狗狗出生后约第18周的社会期及适应期内，我们必须让它接触并适应其他狗狗和人类，以及汽车或吸尘器等一些身边的事物。在此期间，如果狗狗缺乏刺激，社会化经验不足，很容易逃避陌生的事物，或者过分害怕这些事物。

但是，即便是同一个狗妈妈所生，并且在同样环境下成长的狗狗，有些狗狗会勇敢地在周围散步，而有些胆小的狗狗只会害怕地盯着它们看。因为原本就胆小的狗狗缺乏积极性，看到陌生的事物不会想着去接触而是去逃避，就这样错过了适应社会的机会。

狗狗的性格如此胆小，与出生和成长息息相关。不过，话又说回来，胆小的狗狗大多是狗狗本身没有充分接触社会或主人不恰当的处理方式造成的。为了能够提高小狗崽的积极性，我们应该让狗狗从幼崽时期就开始接触各种各样的刺激（非强制性）。

狗狗的性格与遗传和环境都有关系

同一个狗妈妈生的小狗崽性格也各不相同

在宠物店的笼子里生活了半年的狗狗，由于社会化经验不足，会对外界做出夸张的反应，而且会对新鲜事物产生逃避心理

用塑料布盖着的摩托车发出“沙沙”的声音，狗狗听到也会吓个半死

门只是“吧嗒”一声关了，狗狗也会吓一跳

6-5 场景——明明做了绝育手术，但行为问题还是没有改善

名　字 ● **安迪（♂）**

狗品种 ● **英国可卡犬**

年　龄 ● **1岁6个月**

你听过这样的说法吗？“狗狗做了绝育手术之后就会变得又乖又安静”“狗狗做完绝育手术之后就会很温柔地对待小孩子或者其他狗狗”。这些都是真的吗？我很遗憾地告诉大家，这些都是不正确的说法。

安迪经常会攻击主人或者其他狗狗。主人听别人说“做了绝育手术之后就会变乖”，于是在安迪8个月大的时候，就带它做了绝育手术。但是，做完绝育手术之后，还是听到主人无奈地耸耸肩膀说道：“攻击性一点也没减弱，甚至感觉比以前更具有攻击性了。原本还想通过绝育手术来解决它的行为问题，可是……”

在野生动物的世界里，雄性动物会为了争夺雌性动物来繁衍下一代而相互竞争。在竞争中，睾丸素能够增强雄性动物的自信心，提高战斗力，并繁衍更多的下一代。因此，很多兽医或者狗狗专家相信“睾丸素是引起狗狗攻击行为的根源，如果将产生睾丸素的睾丸摘除的话，就不会再引发攻击行为了”，所以建议主人给狗狗做绝育手术。

但是，做了绝育手术之后，雄性狗狗的攻击性行为问题未必都能解决。美国加利福尼亚大学的本杰明·L．哈特（Benjamin L. Hart）针对狗狗做绝育手术阐述了以下观点：

- **能解决90%的徘徊问题**
- **能解决60%的爬跨问题**
- **能解决60%的雄性同伴的攻击行为问题**
- **能解决50%的室内撒尿做标记问题**

解决徘徊问题所占的比例最高，而其他行为问题不一定都能解决。不过，还是有很多主人相信“狗狗做完绝育手术之后就会变乖”这种话。

安迪原本性格就比较胆小，再加上错过了获得社会经验的机会，所以遇到其他狗狗会感到害怕，为了保护自己，就会做出“防御性攻击”的行为。将它的自信之源——睾丸摘除之后，安迪变得更胆小了，遇到其他狗狗也就变得更具有攻击性了。之前安迪对主人发起攻击是由于主人会反复对安迪采取口鼻控制法，而做了绝育手术之后，这个攻击主人的坏习惯依然没有改变。

本来是想通过绝育手术来解决狗狗的行为问题，但结果却连狗狗所剩的最后一点点自信心也剥夺了，甚至有时候，狗狗的行为问题还会恶化。

●在狗狗2岁前后做绝育手术效果比较好

尽管如此，绝育手术还是可以防止不必要的交配行为，预防生殖器周围的疾病，减少性方面的压力等。如果不打算让自家狗狗繁衍下一代的话，我建议还是要给狗狗做绝育手术。不过，最关键的是要把握绝育手术的时机（年龄）。以前的主流思想认为“绝育手术越早做越好”，一般都推崇在狗狗出生6个月左右的时候就做绝育手术。在有些地方，还将此视为主人的一项义务。但是，像安迪这样胆

做绝育手术并非能解决所有问题

解决50%的室内撒尿做标记的问题

解决60%的爬跨问题

解决60%的雄性同伴的攻击行为问题

通过绝育手术来解决徘徊问题的效果比较好，但并非对于其他的行为问题都有效果小的狗狗，如果仅有的一点点自信心都被夺走了的话，会变得更加胆小，且更具攻击性。因此，在较早时期给狗狗做绝育手术有可能会出现相反的效果，给狗狗做绝育手术的最佳时机一般为狗狗2岁左右的时候。

彼得·内维尔博士的研究显示，在2岁左右接受绝育手术，对于减少狗狗的攻击性行为效果最佳。过了两岁半的狗狗大部分会做出攻击性行为，因为在生理上，睾丸素会影响其行为，此外，通过尝试攻击其他事物，狗狗也在不断的学习中掌握了“战斗方式”。因此，如果错过最佳时期，即便给狗狗做了绝育手术，其攻击性行为也几乎不会发生改变。

顺便提一下，对于斗牛㹴这种类型的狗狗，由于其原本是从斗犬改良而成的，它们会将战斗本能视为“奖励”，所以绝育手术对它们而言毫无效果。

不过，也有不少主人认为“给狗狗做绝育手术，真是太可怜了！还是顺其自然比较好”。其实，狗狗和我们人类生活在一起，顺其自然对他们来说反而会“不自然”。所以，给狗狗做绝育手术是为了能让狗狗更好地适应人类的生活，最主要的是要搞清楚给狗狗做绝育手术的关键时机。

6-6 场景——管教课真的有效果吗

名　字 ● **海贝（♀）**

狗品种 ● **喜乐蒂牧羊犬**

年　龄 ● **9个月**

经常有主人来我这边咨询说："我带狗狗去上了管教课，但它的行为问题依然没有解决。"那么，行为问题是通过管教课就能解决的吗？

海贝在5个月大的时候被主人从宠物店带到家里。由于海贝之前没有接触过其他狗狗的机会，所以见到其他狗狗会感到非常害怕。因此，在来我这边咨询的1个月前，主人带海贝去上了管教课。但是，在教室里看到那么多狗狗和它们的主人，海贝感到特别紧张，从那以后，海贝就更加害怕其他狗狗了。主人原本以为通过管教课能让狗狗适应现在的生活，可结果令他非常失望。

● 选择合适的"管教课"

虽说是"管教课"，但也分"个别课程""小组课程"等各种各样的类型。像海贝这样存在特定行为问题的狗狗，小组课程很难治好其行为问题。这是因为小组课程有其特定的教学方针，再加上参加者比较多，很难细致把握并解决个别狗狗的具体需求。所以，在小组课程上，主人一般很难感受到“自家狗狗的行为问题真正得到了解决”。

对于狗狗害怕其他狗狗的这个行为问题，我们需要根据具体原因来进行具体分析：狗狗是否存在社会经验的问题，还是说只害怕特定的某只狗狗，同时，害怕的程度也存在差异性。因此，我们必须把握狗狗行为问题的具体原因以及程度，才能真正解决各种各样的行为问题。

主人的目标（目的）是“希望带自家狗狗去有其他狗狗的咖啡馆时，狗狗可以安静地待上一会儿”，或者“在马路上遇到其他狗狗时不再大声吠叫”等。

所以，我建议狗狗的主人首先找管教课程的专业老师进行一对一

不可以强行控制

像休克疗法这种满灌疗法会产生相反效果，狗狗的恐惧心有可能会变得更加强烈，所以需要特别注意

面谈，或者咨询行为专家，搞清楚自家爱犬的行为问题，并设定具体目标，再通过具体方案进行针对性的治疗。

●不推荐使用满灌疗法

在行为疗法中，有一种治疗方法称为“flooding（泛洪）”，又称“满灌疗法”。这是将狗狗极度害怕的场面或者对象暴露出来，像“恐惧的洪水”来袭一般冲走狗狗内心恐惧（瞬间习惯）的一种方法：因为害怕其他狗狗，所以就直接把它放进许多狗狗中间；因为害怕孩子，就直接把它放到孩子们聚集的公园里。我绝不推荐使用这样的方法，因为这样只会让狗狗的恐惧感变得更加强烈。

专栏7

能满足狗狗探索系统的葫芦漏食球（KONG）的最佳使用方法

狗狗本身具有狩猎或为生存而寻求必备物品的能力，而葫芦漏食球正好能满足狗狗的这种探索需求。好多主人买了葫芦漏食球，但有很多人说：“我家狗狗对葫芦漏食球一点都不感兴趣。”请稍等一下，大家是不是用错了呀？使用葫芦漏食球也是有小技巧的。

错误使用方法 1 ：塞在里面的零食吸引力不够

有好多主人在葫芦漏食球里塞了很多狗狗并不喜欢的面包、饼干或者咬胶等零食（虽然有些也是狗狗喜欢的），这些零食一旦取不出来，狗狗就会心想“还是算了吧”，便立刻放弃了。这跟小孩子一样，与“考了100分给你买蛋糕吃”（奖励等级比较低）相比，如果家长跟他说“考试得了100分就给你买游戏机”（奖励等级很高），一般情况下，孩子会更加努力。

错误使用方法 2 ：从一开始就太难

如果主人从一开始就把零食塞得满满的，狗狗很难把零食抓取出来，会使狗狗很快放弃。和我们人类一样，对于一个玩智力拼图的新手，突然间让他拼3000块的拼图，他当然会觉得“太难了”而直接在中途就放弃了。我们应该一开始玩简单的100块，接着再玩500块……一步步慢慢地增加难度。我们应该一开始少塞一点，让狗狗能很快取出葫芦漏食球里的零食，再慢慢地增加难度。这就是使用葫芦漏食球的小技巧，让狗狗自己体会“好像要取出来了，但还没能真正取出来，我如果再努力一点是不是就能取出来了呢”这种成就感，满足狗狗的探索需求。

错误的使用方法 3：零食太容易掉出来

如果零食太容易掉出来，就不能满足狗狗的探索需求了，葫芦漏食球也就成了“放了东西”的容器（餐具）。我们应该在里面放一些不容易掉出来的零食，例如牛肉棒等，或者把干湿狗粮混合在一起放在里面。

在我的客户中，有的杰克罗素㹴犬会花上1个半小时的时间与葫芦漏食球进行“搏斗”。你是不是觉得狗狗很可怜？其实不然，对于活泼好动又有很强好奇心的狗狗来说，与其一直睡觉来度过无聊的一天，还不如让它活动活动。所以，请一定为自己的狗狗多提供一些能够充分使用其头脑和能量的机会。